AF364858

7

MEDI AMBIENT,
SOSTENIBILITAT
I RECURSOS NATURALS

→ UPCPOSTGRAU

Infraestructura viària i sistema territorial. Identitat, natura, economia i participació →

La variant d'Olot i l'encaix a les Preses i la Vall d'en Bas

Francesc Magrinyà, Ed.
Teresa Navas, Miguel Mayorga
Josep Mercadé, Alvar Garola
Emili Bassols, David González
Raül Valls, Llorenç Panagumà
Xavier Martí

WORKSHOP INTRASCAPELAB INFRAESTRUCTURES I TERRITORI
1a EDICIÓ, 29 JUNY - 6 JULIOL 2012
La variant d'Olot. L'encaix a les Preses i la Vall d'en Bas
La pacificació d'una travessera urbana i la continuïtat de l'activitat agrària

Editor: Francesc Magrinyà

Col·laboradors:
Jaume Farrés. Arquitecte
Daniela Maldonado. Arquitecta i màster de Sostenibilitat
Joan Puigferrer. Arquitecte
Esther Santamaría. Arquitecta i estudiant de màster d'Arquitectura del Paisatge
Queralt Santandreu. Enginyer de Camins, Canals i Ports
Arnau Sempere. Arquitecte
Cristina Ureña. Enginyera en Topografia i grau en Geomàtica
Livia Valentini. Arquitecta i estudiant de màster d'Arquitectura del Paisatge

Centre de Sostenibilitat Territorial (CST)
Generalitat de Catalunya. Departament de Territori i Sostenibilitat. Direcció General de Medi Ambient
Universitat Politècnica de Catalunya (UPC)-IntraScapeLab
http://intrascapelab.wordpress.com/

Primera edició: novembre de 2015

©   Els autors, 2015
©   Iniciativa Digital Politècnica, 2015
        Oficina de Publicacions Acadèmiques Digitals de la UPC
        Jordi Girona 31,
        Edifici Torre Girona, D-203, 08034 Barcelona
        Tel.: 934 015 885   Fax: 934 054 101
        www.upc.edu/idp
        E-mail: info.idp@upc.edu

Producció: LIGHTNING SOURCE

ISBN: 978-84-9880-539-0
DL B 17738-2015

Índex

INTRODUCCIÓ

Objecte i resultats del workshop

Francesc Magrinyà, Teresa Navas, Josep Mercadé i Miguel Y. Mayorga
IntraScapeLab

Interacció entre la Universitat i el Territori. Campus Nord de la UPC-seu de IntraScapeLab- i a Cal Monjo a Sant Privat d'en Bas -seu del CST-. (Font: IntraScapeLab)

La construcció del túnel de Bracons introdueix nous condicionants de caràcter territorial a l'anomenat eix Vic-Olot. Cal establir i projectar les propostes per a les variants de les poblacions de les Preses, la Vall d'en Bas i Olot. De la mateixa manera cal repensar les travesseres urbanes. Les infraestructures viàries poden alterar les dinàmiques del entorns construïts i dels sistemes naturals de la Garrotxa que en són especialment sensibles. Els desequilibris territorials provocats per l'alteració dels nivells d'accessibilitat i per la materialització de les vies poden afectar irreversiblement la qualitat paisatgística i ambiental, a més d'alterar el model urbà i territorial d'una comarca caracteritzada per la valoració de la seva riquesa ambiental i patrimonial com és el cas de la Garrotxa.

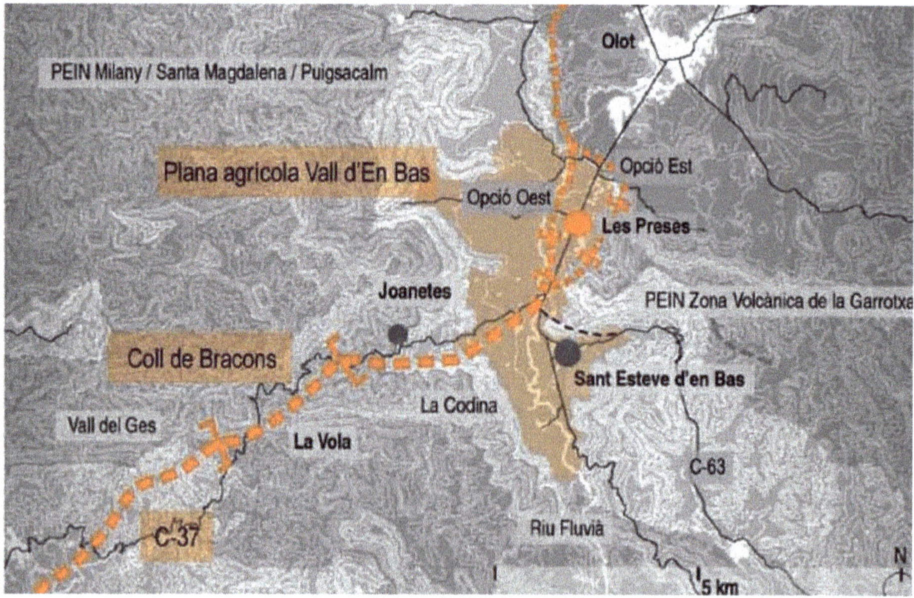

La infraestructura viària objecte del workshop IntraScapeLab. (Font: IntraScapeLab)

El taller consisteix a fer propostes per al traçat viari de l'eix Bracons al seu pas pels municipis de les Preses i de la Vall d'en Bas, tenint present especialment la seva comptabilitat amb la continuïtat de l'activitat agrícola i la necessària reordenació de la seva travessera urbana. Es tracta d'una oportunitat per explorar noves metodologies i instruments per al planejament i projecte d'infraestructures.

El *workshop* està organitzat conjuntament per IntraScapeLab i CST. IntraScapeLab és un grup de recerca interdisciplinari del Departament d'Infraestructures del Transport i del Territori de l'Escola d'Enginyers de Camins de la Universitat Politècnica de Catalunya. Barcelona Tech (ETSECCPB-UPC). L'objectiu és analitzar les interaccions entre infraestructura i territori des d'una lògica de projectes transversal que integrin i articulin visions d'enginyeria, arquitectòniques, ambientals i patrimonials. El Centre per a la Sostenibilitat Territorial (CST) és una associació que promou una "nova cultura del territori" (NCT), és a dir, una nova manera d'entendre i d'entendre's amb el territori. L'associació aplega entitats ambientalistes i moviments en defensa del territori, professorat i personal investigador universitari, agents econòmics i professionals, i ciutadans en general.

El *workshop* IntraScapeLab en aquesta primera edició es fa de manera combinada al Campus Nord de la UPC Barcelona Tech, a l'aulari del Departament d'Infraestructures del Transport i del Territori (ETSECCPB), i amb sessions de treball de camp i coneixement del territori, amb una presentació pública final a la seu del CST a Cal Monjo, a Sant Privat d'en Bas (la Garrotxa).

L'objectiu d'aquest *workshop* ha estat proposar una "mirada" interdisciplinària en què es combinen aproximacions, eines i sistemes de treball d'enginyeria de camins, arquitectura, història, economia i paisatgisme. Una mirada complexa que permet una interacció professional al voltant de les infraestructures viàries

Presentació dels projectes del workshop a Cal Monjo amb representants del territori de la comarca de la Garrotxa. (Font: IntraScapeLab)

i hidràuliques; les formes urbanes i el projecte urbà; el patrimoni cultural, natural i de paisatge i els impactes econòmics de les infraestructures.

Una anàlisi "interescalar" i transversal que combina conceptes claus com el lloc, l'espai territorial, la mobilitat, i les activitats i les persones. Per a aquesta aproximació es parteix de la infraestructura viària i els condicionants que l'alumne aprèn des del coneixement del programari de traçat i que s'articula amb els conceptes clau de projecte urbà i territorial, de paisatge i de patrimoni natural i cultural. La variant es converteix en un element estructurador de l'espai urbà i de l'espai natural. Una aproximació que supera els prejudicis tals com "l'autonomia en el disseny de la infraestructura", "la infraestructura sense territori" o "la infraestructura com una barrera". De fet, un projecte de variant implica, alhora, intervenir sobre l'espai natural de l'entorn urbà i sobre l'espai de la travessera urbana de la zona central que es pot transformar i que adquireix noves potencialitats.

L'aproximació al projecte de la variant com a infraestructura s'ha fet des de dues hipòtesis diferenciades: la infraestructura s'articula amb un espai obert o la infraestructura s'insereix com un element central de l'espai urbà. Les mirades més projectuals usualment associades a l'enginyeria o l'arquitectura es combinen amb altres aproximacions renovadores provinents de l'ecologia aplicada a l'escala territorial, de l'anàlisi del patrimoni paisatgístic i cultural, i del coneixement de la gestió econòmica dels diferents projectes urbans i infraestructurals.

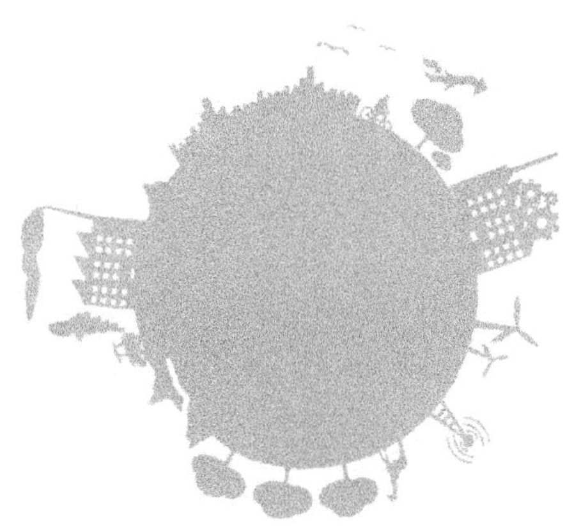

PAISATGE I VARIANT DE CARRETERA EN EL CAS D'OLOT

De la reacció a la proposta: la dialèctica entre ciència i moviment social

Raül Valls
Salvem les Valls. Centre per a la Sostenibilitat Territorial

Imatge de les valls i el túnel de Bracons

Les lluites en defensa d'un nou model de desenvolupament territorial han expressat un moment extraordinàriament afortunat del que històricament s'ha anomenat "aliança entre la ciència i el moviment social". L'aparició històrica de la consciència dels límits planetaris ha portar els moviments emancipadors a incorporar les preocupacions ecologistes com un element central de les seves crítiques i propostes alternatives. La constància de viure en un "món ple", va més enllà del cercle dels experts i científics i comença a fer-se patent entre la ciutadania, més conscienciada i formada. Aquest "adonar-se dels límits" arriba cada cop més a molts sectors de la població, no només per l'esgotament de recursos del planeta (sobretot energètics) i pels canvis climàtics, sinó per la percepció directa de les transformacions del seu entorn immediat. És indiscutible

Manifestació reivindicativa per una nova cultura del territori a la Garrotxa. (Font: CST)

que la generació d'ara ha contemplat els canvis i les transformacions del "lloc" on habita més intensos i ràpids de la historia humana.

El creixement de la urbanització, l'extensió de les xarxes de comunicació, els canvis constants i ràpids en els usos del sòl han suposat transformacions radicals. Molts entorns de la nostra infantesa han estat profundament alterats, i, el que és més significatiu, han esdevingut irrecognoscible pels seus habitants. Aquest impacte vital unit a la consciència de límit ha fet aparèixer molts moviments socials que han fet dubtar sobre la necessitat de certes infraestructures i transformacions territorials esbombades pels poders polítics i econòmics com absolutament vitals per al progrés de la societat. L'acusació de "voler aturar el progrés del país" ha estat la més agitada pels defensors del creixement econòmic a ultrança. En aquest sentit, la valoració del paisatge, la recuperació d'antics usos, la defensa d'espais de valor natural o d'espais agraris de valor social i, en general, les lluites contra la banalització i mercantilització del nostre espai vivencial han suposat una novetat sorprenent per uns poders econòmics acostumats a governar i planificar el territori sota els seus desitjos i interessos.

Una ciutadania més formada i portadora d'un nou concepte de progrés ha esdevingut protagonista d'unes lluites inaudites mig segle enrere. Una ciutadania que percep que "més" no necessàriament vol dir "millor", i que defensa una pacificació de la nostra relació amb el medi natural i una vida més austera i saludable. En aquest procés ha estat fonamental aquesta dialèctica entre coneixement i reivindicació, aquest diàleg entre una ciutadania preocupada i uns experts i científics amb dades concretes i previsions de futur.

El cas de la lluita contra els transvasaments expressa de manera clara aquest procés. D'un moviment defensiu, que intueix però que encara no coneix, es passa, gràcies a la complicitat amb la Fundación por una Nueva Cultura del Agua, a un moviment que s'oposa als transvasaments des de la proposta alternativa. Això es veu clarament en l'evolució de les consignes: de la defensiva i reactiva

Finestra oberta

**EL PAPER DELS EXPERTS EN ELS
MOVIMENTS AMBIENTALISTES
A CATALUNYA**

Joaquim Sempere (director)
Roser Rodríguez
Jordi Torrents

Novembre 2005

FINESTRA OBERTA | 45

Portada de l'article de Joaquim Sempere "El paper dels experts en els moviments ambientalistes a Catalunya", Finestra Oberta n. 45. Barcelona: Fundació Jaume Bofill. 2005 (font: Fundació Jaume Bofill) i portada de la publicació Per una nova cultura del territori: mobilitzacions i conflictes territorials. Barcelona: Icària Editorial, 2007 (font: Icària Editorial).

"l'aigua de l'Ebre és nostra" a la prepositiva "lo riu és vida, no al transvasament". Aquest "no" tan criticat per certs sectors polítics i econòmics del país (debat sobre la "Cultura del No" encetat en el seu moment pel mateix Jordi Pujol, autèntic baluard de la defensa del creixement econòmic com a forma de "fer país") ja no es defensa per raons egoistes, defensives o emocionals, sinó que es posen damunt de la taula arguments racionals, coneixements científics, i, el que li dóna més potencialitat, elements que apunten cap al bé comú. Aquest darrer factor és important. Ja no estem davant d'una reacció visceral i local o d'una freda argumentació científica feta des d'un laboratori universitari. Aquest diàleg situa el "be comú" com un element fonamental de la reivindicació. Els moviments ecologistes i en defensa del territori, gràcies a aquesta feliç dialèctica, han estat capaços de posar els interessos de la majoria, i més enllà els interessos de les generacions futures, com a motor de la protesta i la proposta alternativa.

El cas de Salvem les Valls i el túnel de Bracons és també en aquest sentit paradigmàtic. Una lluita que sorgeix de la preocupació veïnal i de la voluntat conservacionista on l'entorn humà i el paisatge natural esdevenen la principal motivació evoluciona a partir de la recerca d'arguments cap a la critica del model de desenvolupament dels transports actualment vigent i basat en la progressió indefinida del vehicle privat i de la xarxa de carreteres. Per tant, ja no es tracta només de valorar com m'afecta a mi, ciutadà d'una localitat modificada per una infraestructura concreta, sinó com afecta al territori en la seva globalitat i quines són les lògiques que la provoquen i els escenaris futurs que determina. Estem,

Logos de les campanyes reivindicatives contra el túnel de Bracons i Salvem les Valls. (Font: CST)

per tant, davant un eixamplament substancial del camp de visió i d'una crítica que va molt més enllà del pur interès local.

Aquest procés no es realitza de manera lineal i simple, l'aprenentatge del col·lectiu és desigual i manté contradiccions, però l'evolució dels militants més actius i la seva influència en el seu entorn social fa que la lluita creixi i maduri. Aquesta guanya en profunditat, és capaç d'atraure suports d'altres territoris i sectors socials, polítics i econòmics. En resum, es carrega de legitimitat social al temps que la posició merament defensiva queda en un segon terme. En aquest sentit, podem parlar del sorgiment d'una nova cultura del territori i no d'una simple reacció egoista davant de transformacions que, tot i que poden ser necessàries, les volem lluny de casa. Enfront de la irresponsabilitat i l'egoisme d'unes minories socials privilegiades una ciutadania més sabia i responsable aixeca la bandera de l'autocontenció i la consciència dels límits.

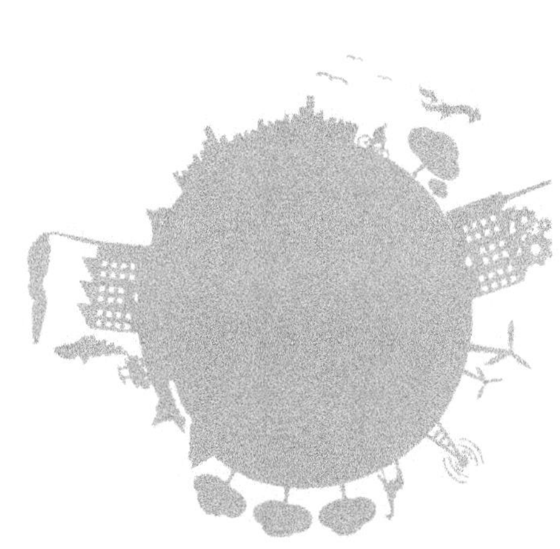

→2

Instruments per a una nova cultura de les infraestructures en el territori

Francesc Magrinyà
Enginyer de Camins i doctor en Urbanisme
Professor de la UPC i coordinador d'IntraScapeLab

Necessitat de reconèixer les interrelacions entre infraestructures i territori

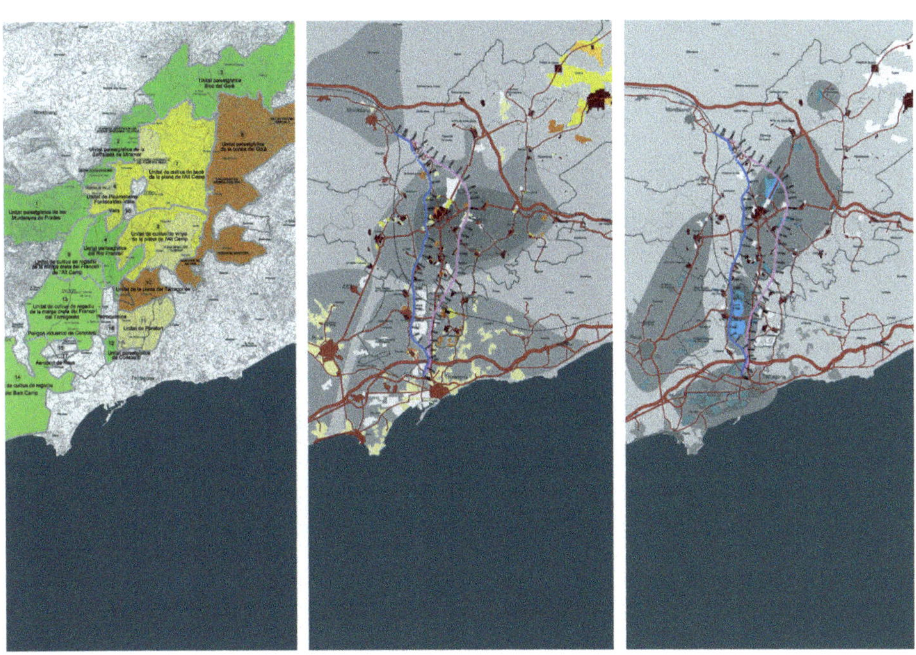

Analisi de dos traçats de la variant N-240 en Alta Camp segons els potencials del territori. (Font: MAGRINYÀ, NAVAS, MAYORGA, Estudi per a la Camara de Comerç de Valls, 2005)

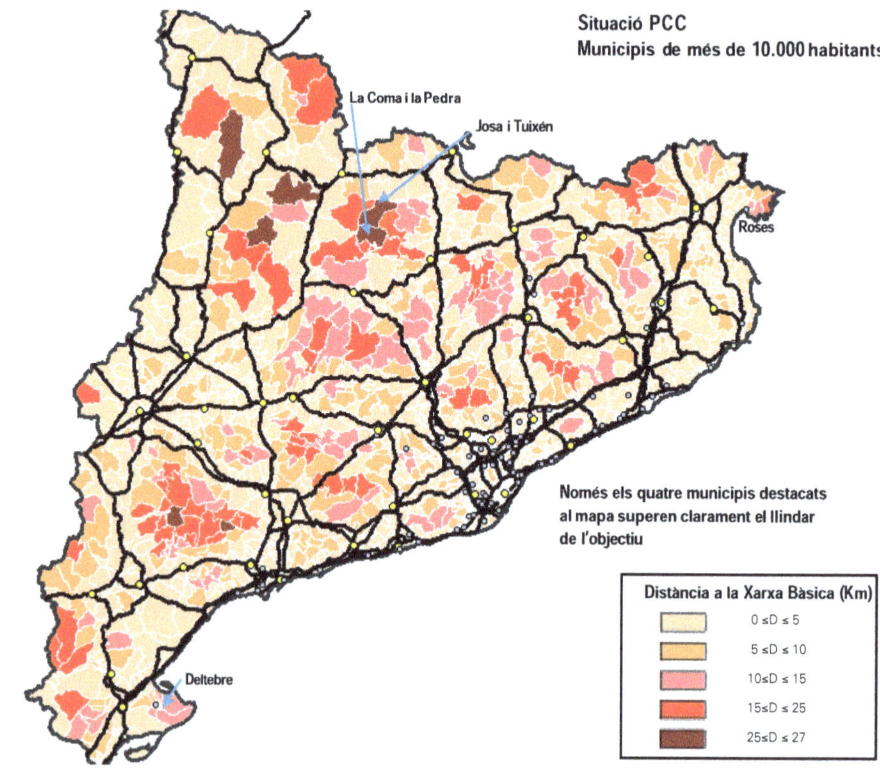

El criteri de connexitat explicitat per la distància a la xarxa bàsica és l'element central de la justificació dels Plans de Carreteres que busquen un territori homogeni en la seva accessibilitat a una xarxa bàsica estructurant. (Font: GENERALITAT DE CATALUNYA, 2003)

El territori sembla portat per una "voràgine" de traçats viaris que es desenvolupen i s'intercalen els uns amb els altres, moltes vegades sense ordre ni concert. En molts casos, gairebé mai no s'ha preparat una espina dorsal de caire urbà que permeti articular les noves traces amb l'entorn que les envolta, creuar-les a diferent nivell de forma natural i protegir-se'n del brogit. Les autovies s'instal·len pertot arreu i al costat es construeixen parets aïllants que quartegen l'espai.

L'existència de solucions de traçat disgregadores no ens hauria d'imbuir un sentiment de fet inevitable. La pregunta que ens podem fer és: ens hem dotat dels instruments adequats per construir territori amb més ordre? Si es volen prendre decisions adequades sobre les infraestructures de transport cal respondre prèviament per quin sistema de mobilitat s'opta, i això implica qüestionar-se el repartiment modal que pot arribar a assumir el transport col·lectiu i quines haurien de ser les traces ferroviàries que cal preveure en el cas que en un futur es necessiti un augment de la seva presència en el territori (Magrinyà, 2013).

A més, caldria començar a afrontar el fet que el cotxe és un gran consumidor d'espai respecte dels altres sistemes de transport, i que no té sentit una extensió exponencial de les infraestructures viàries que, per altra banda, no tenen perquè ser més eficaces. Tan sols a partir d'aquest coneixement i de la seva revisió en el temps es poden plantejar quines són les traces viàries, quins

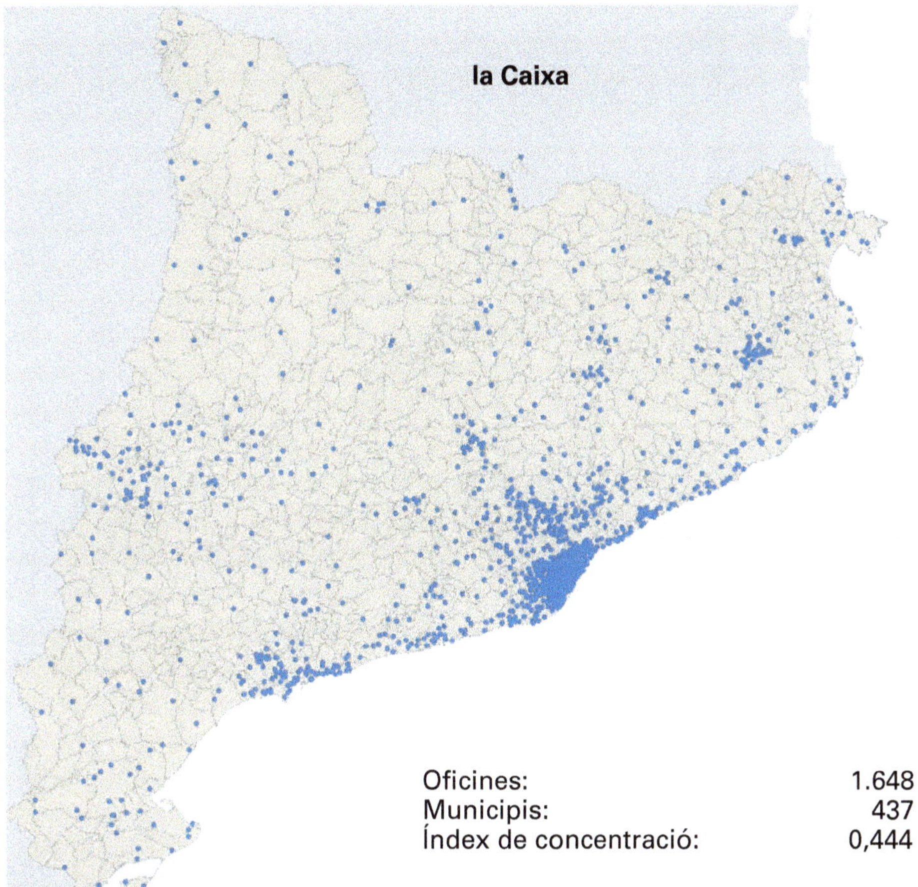

Oficines:	1.648
Municipis:	437
Índex de concentració:	0,444

L'estructura de distribució de caixers de La Caixa és un bon indicador de la distribució de les activitats territorials que té una estructura més propera a la fractalitat que a la homogeneïtat. (Font: Institut d'Estudis Territorials)

són els punts crítics de pas i d'articulació, i com s'insereixen les traces que evitin construir un territori desfigurat.

Si tot es confia als plans urbanístics municipals i a l'elaboració de projecte per projecte no es tracten les infraestructures de la manera adequada. No s'és conscient que el territori és un de sol i que cal fer passar la xarxa d'autovies, la xarxa de rodalies, la xarxa d'alta velocitat, la xarxa de carrils bus urbans-interurbans i articular-los als nodes metropolitans. Si no es fa des d'una visió sistèmica el territori s'organitzarà a escala urbana però es desfigurarà a escala territorial.

Cal, doncs, una nova mirada que vagi més enllà de l'escala urbana local de projectes urbans i de l'escala territorial esquemàtica i sense territori. Però per això, cal una nova cultura territorial de les infraestructures.

Actualment, l'únic plantejament a escala territorial pel que fa a les infraestructures és el Pla Sectorial de Carreteres (que en la darrera versió ha pres el nom de Pla d'Infraestructures del Transport de Catalunya PITC. Generalitat, 2006) que és qui acaba legitimant de facto les solucions adoptades.

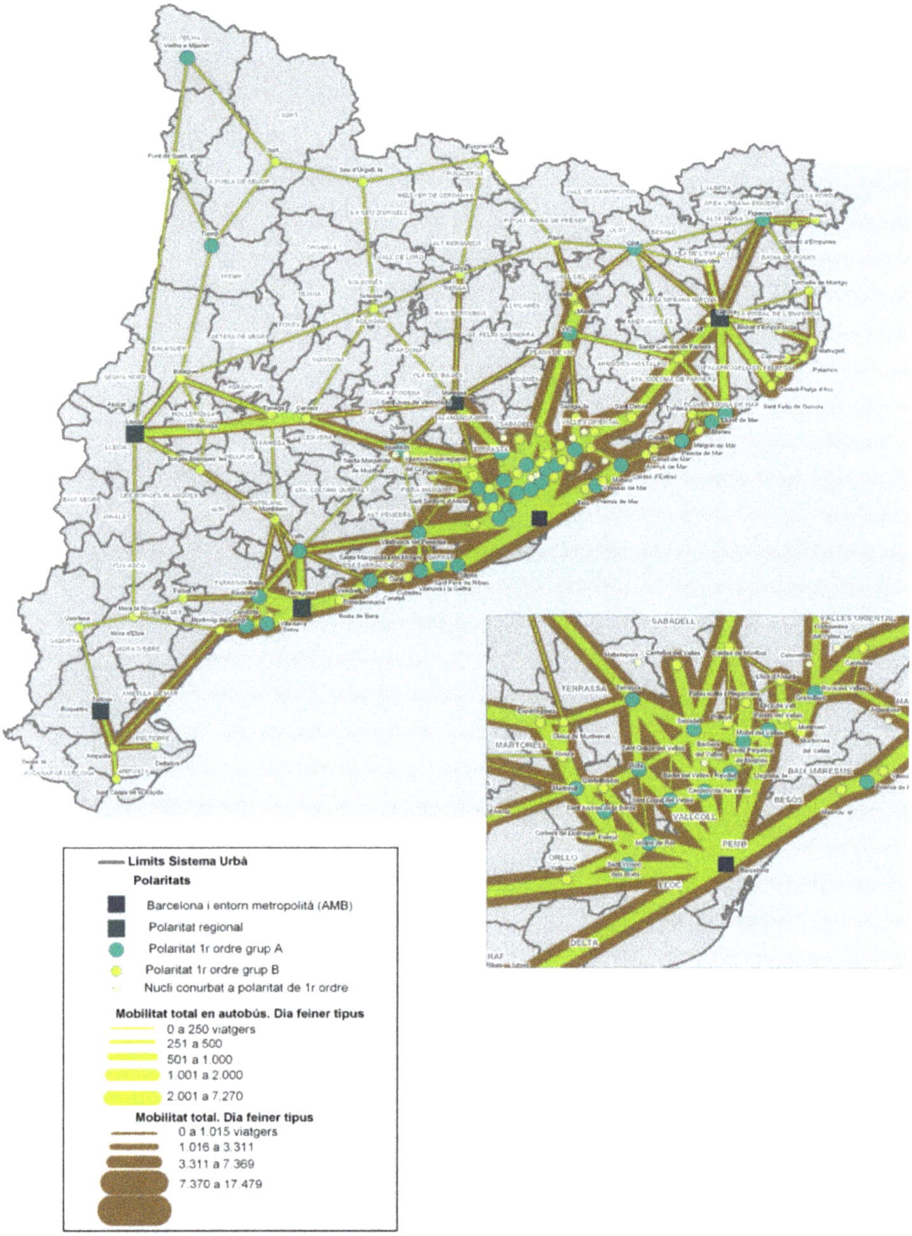

L'estructura de la demanda de transport públic mostra la distribució territorial de les activitats. (Font: Pla de Transport de Viatgers de Catalunya, 2008-2012)

Des d'una anàlisi de diferents casos s'observa que en la presa de decisions el plantejament territorial implícit en el Pla és que la carretera és un objecte aïllat en el seu traçat. En cada cas l'eix ha de connectar dos nuclis i al seu pas per un tercer organitza una circumval·lació del casc urbà. A més, el territori no existeix com a tal, tan sols és una abstracció esquemàtica en la que només existeixen nuclis urbans que es connecten.

El Pla de carreteres: l'únic planejament d'infraestructures però amb plantejaments del passat

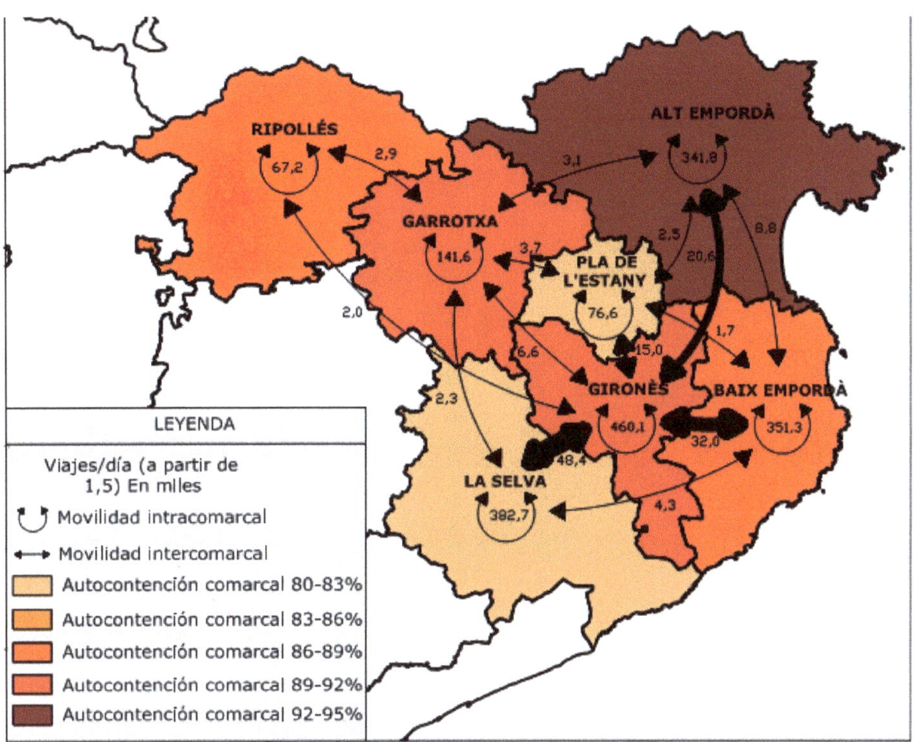

Autocontenció comarcal de la mobilitat quotidiana de les comarques gironines i mobilitat intercomarcal i intracomarcal (viatges/dia). Destaquen autocontencions comarcals al voltant del 90%. (Font: Elaboració SERRANO, 2011 a partir de dades de l'EMQ '06, Pla Territorial de les Comarques Gironines i la Revista Papers núm. 48)

Però aquest és un Pla que no té plantejaments ambientals ni territorials sobre la funció de la traça, ni aterra a l'escala de projecte urbà. El plantejament del Pla de Carreteres és decidir quins arcs del graf s'han de construir i en el seu cas quina és la secció de l'arc adoptada; per decidir a continuació, i a través d'una anàlisi cost-benefici, la prioritat en la construcció de cada arc planejat.

En aquest plantejament, la infraestructura recorre el territori sense analitzar les seves interaccions al seu pas. La presa de decisions en un traçat és encara molt instintiva. Un tècnic dibuixa un primer traçat i sobre aquella primera traça s'acostumen a fer variacions. En el cas de les infraestructures a un arc se l'hi adjunta un altre arc. De fet, la definició d'un traçat ve especialment associada a un càlcul pressupostari que doni lloc a una partida administrativa per reservar uns recursos econòmics per construir un tram de carretera.

La decisió de per on passa exactament la traça no es contrasta amb la xarxa ecològica de corredors, amb les interaccions econòmiques que pot tenir per al conjunt del territori, ni amb la seva congruència amb la distribució dels polígons industrials i dels nuclis residencials.

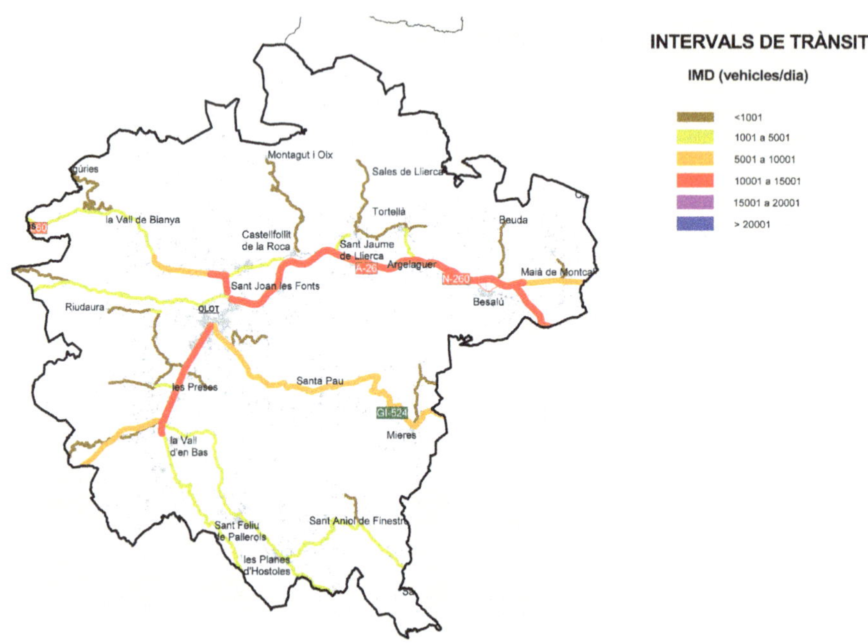

Mapa d'intensitats del sistema urbà Vall d'en Bas-Besalú (Font: SANTANA, 2013)

Nous intruments per una nova cultura territorial de les infraestructures

Es posa en evidència, per tant, que no s'estan adequant els instruments ne-cessaris per construir un territori articulat amb les infraestructures.

En primer lloc, caldria afrontar un model territorial de mobilitat que impliqués una definició sobre quines haurien de ser les infraestructures dedicades al vehicle privat i quines al transport públic.

En segon lloc, i per a la resta de projectes, caldria elaborar un document previ, que hauria de ser el Pla Territorial Sectorial d'Infraestructures, confirmat per l'aportació local de cada Consell Comarcal amb tècnics de gestió del territori i que posés al dia l'estratègia de la comarca. I sobre aquesta base plantejar més que un Estudi d'Impacte Ambiental i un Projecte Constructiu, un Projecte Terri-torial de Traçat que incorporés l'anàlisi territorial i el projecte constructiu amb les consideracions de la relació entre el projecte constructiu i els potencials econò-mic, mediambiental i patrimonial de la comarca per on passa el nou traçat, tenint en compte alhora la seva adaptació a l'escala urbana i la seva articulació amb el sistema general d'infraestructures.

Finalment, i en tercer lloc caldria, com a punt essencial, desenvolupar des de l'administració i des de les universitats una nova metodologia de treball per a aquests nous tipus de documents que integrarien territori i infraestructura. El territori precisa d'equips multidisciplinaris dirigits amb una coherència de projec-te i que tinguin com a objecte central les infraestructures de transport però que

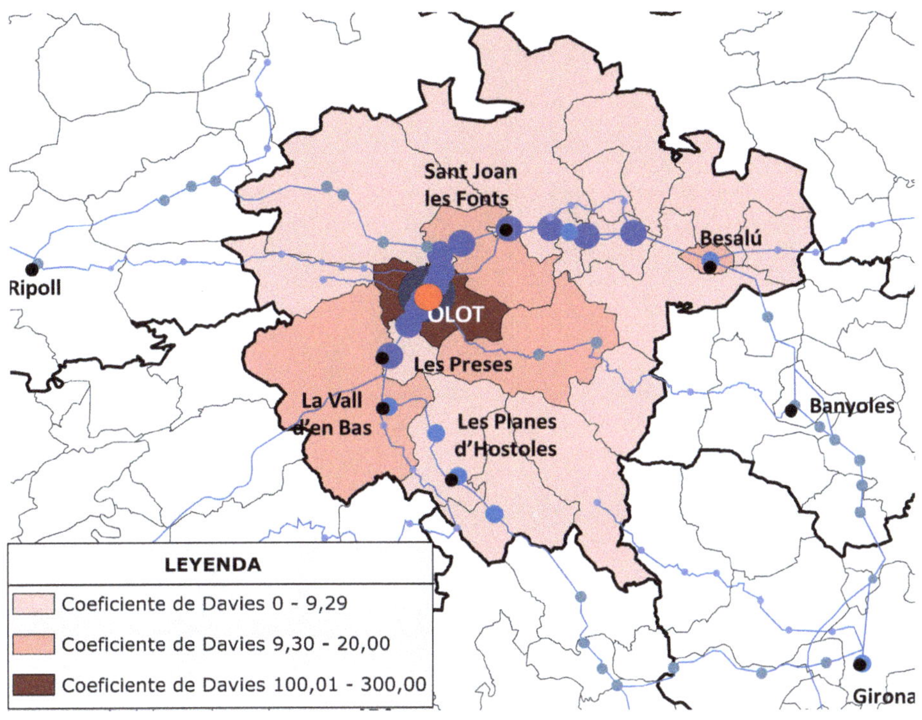

La Comarca de la Garrotxa a Girona mostra que l'eix de la carretera que uneix els nuclis municipals de Les Planes d'Hostoles-La Vall d'en Bas-Olot-Sant Joan Les Fonts-Besalú és l'eix estructurant de la mobilitat comarcal i ha d'acollir la mobilitat en tots els modes de transport. (Font: SERRANO, 2011)

alhora prenguin en compte l'impacte econòmic, mediambiental, de patrimoni i de planejament urbanístic de cada solució (MAGRINYÀ, 2005).

No és tant una qüestió de diners sinó entendre i assumir que dotant-nos d'uns instruments adequats podem evitar desfigurar el territori. Per això, cal un canvi de mentalitat, és a dir, una nova cultura de les infraestructures a l'estil del que ha representat pel territori optar per una nova cultura de l'aigua.

És en aquesta perspectiva que s'emmarquen els workshops que desenvolupa el grup IntraScapeLab, on hi ha tècnics de disciplines diferents: enginyeria de camins, arquitectura, paisatgisme, història i economia; i articulats amb el territori, és a dir, amb entitats amb coneixement i preocupació per preservar-lo. D'aquesta pràctica conjunta comencen a aparèixer diferents llums en el camí de trobar una interrelació més profunda entre infraestructura i territori:

– El territori és un sistema. Els actors del territori estableixen relacions sobre la base d'una matriu biofísica que les condiciona i articula al llarg del temps. Les infraestructures no són més que l'expressió d'aquest sistema territorial (DUPUY, 1985; MAGRINYÀ, 1999).

– El territori té una identitat cultural que s'ha anat configurant al llarg del temps i on les infraestructures tenen un rol central (MAGRINYÀ, NAVAS & CLAVERA, 2013). El patrimoni construït és l'esquelet d'aquells moments àlgids en la construcció del territori. La seva lectura és clau per tal d'articular les infraestructures del futur.

– El territori és un equilibri entre el sistema econòmic i el sistema natural. La relació entre sistema urbà i entorn és clau per a un desenvolupament sostenible. En aquest sentit és, en molts casos, fals que més infraestructures impliquen un increment de la riquesa d'un territori (OFFNER, 1993). El capital social, econòmic i ambiental d'un territori és la base de qualsevol intervenció sostenible. La clau és entendre que el sistema territorial és un sistema acumulatiu d'intervencions territorials en les que la darrera intervenció s'ha d'imbricar amb les anteriors.

– Les infraestructures s'han d'articular i integrar-se al territori des de les diverses escales, i una decisió a una escala més urbana té implicacions a una escala més territorial i a la inversa (GAROLA, MAGRINYÀ, MAYORGA, NAVAS, 2007). Per tant, cal treballar en una interrelació contínua de les escales, i no plantejar el problema com una resolució de les diferents capes (urbana, natural i infraestructural) de forma aïllada com és la pràctica habitual fins al present. Unes infraestructures alienes a la vocació urbana i territorial no poden fer més que lligar i limitar aquest territori (IZQUIERDO, 2012).

– En aquesta perspectiva és essencial una cultura participativa en la definició sistèmica del territori (SEMPERE, 2005). Sense ella no és possible construir un sistema que respongui a la seva vocació territorial i que impliqui un creixement qualitatiu d'un alt valor afegit.

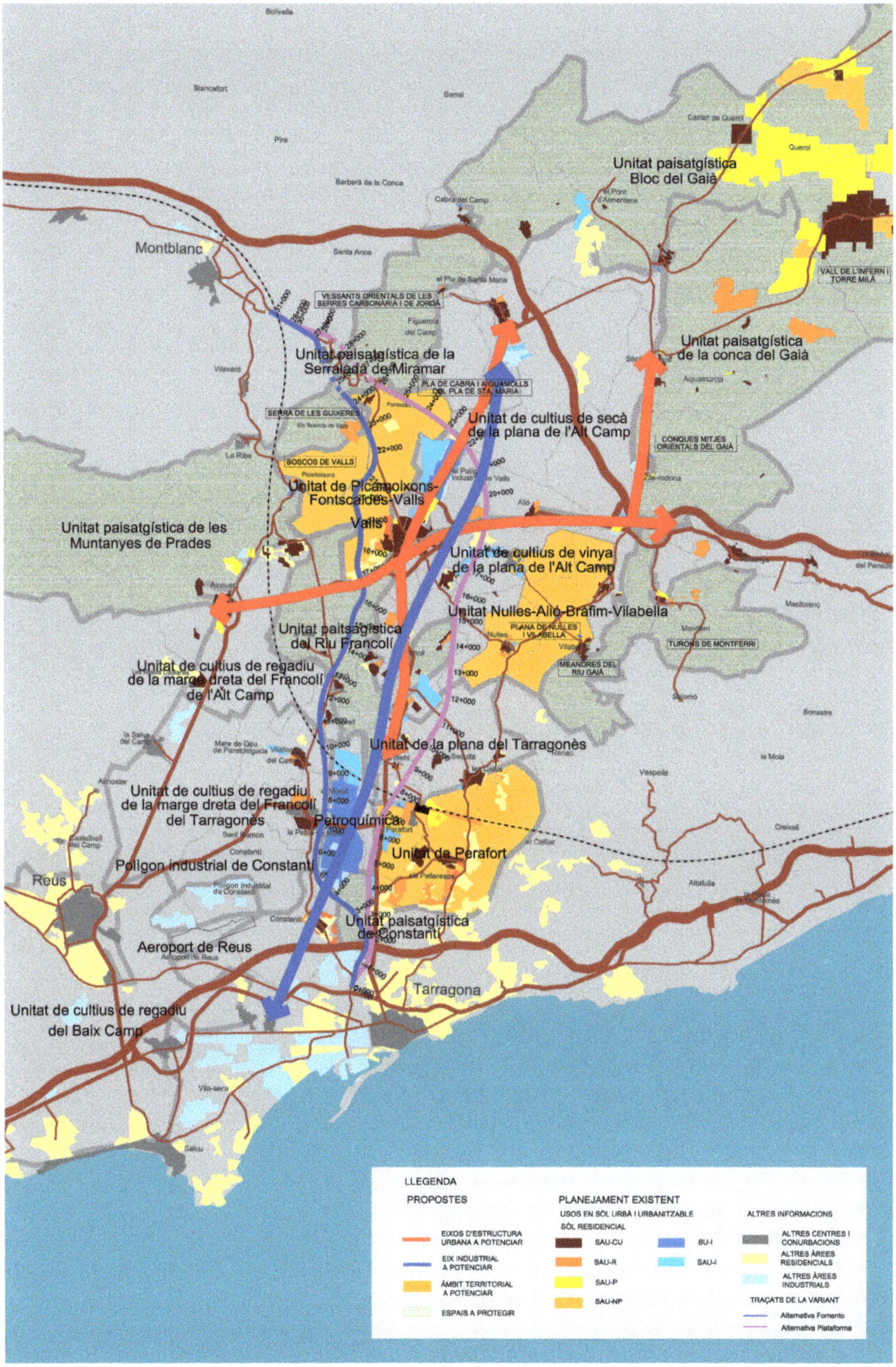

Plànol de síntesi de les unitats territorials i dels usos del sòl amb les alternatives de traçat de la variant.
(Font: MAGRINYÀ, NAVAS, MAYORGA, Estudi per a la Camara de Comerç de Valls, 2005)

La variant de les Preses, com i per on?

Emili Bassols i Isamat
Tècnic responsable de Patrimoni natural del Parc Natural de la Zona Volcànica de La Garrotxa

Vista de la Vall d'en Bas (Font: Emili Bassols)

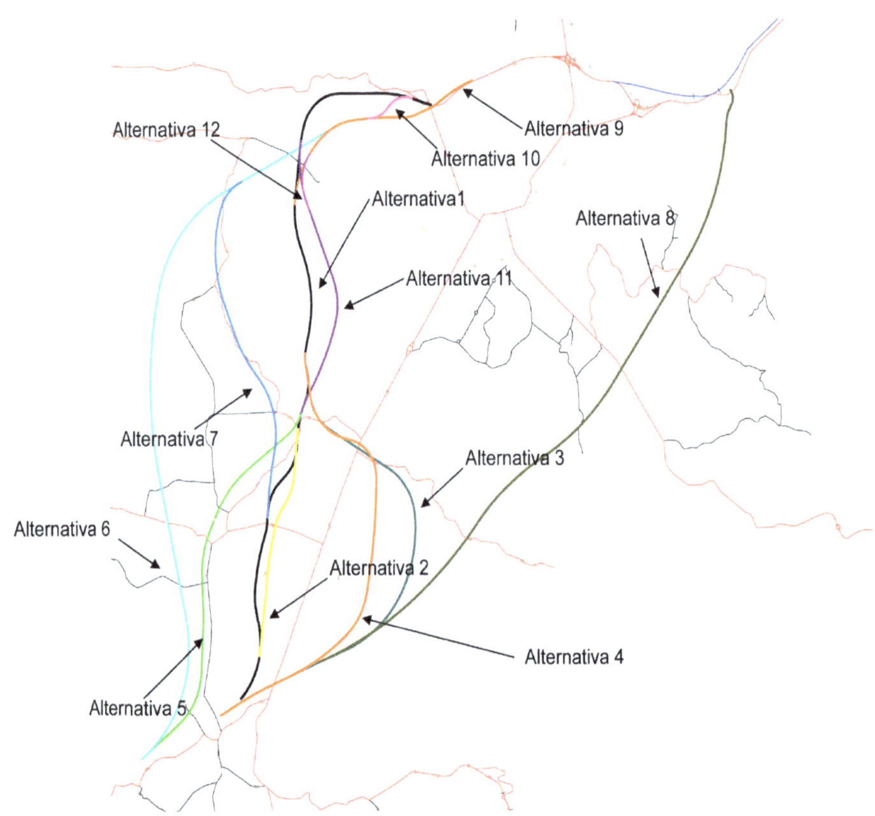

Tota la diversitat d'alternatives de la variant d'Olot (Font: Emili Bassols)

El traçat de qualsevol infraestructura viària ve condicionat per un important nombre de variables de tipus tècnic, econòmic, social, polític, conjuntural, etc. La prevalença d'unes per damunt de les altres és el que, en última instància, en determina el traçat definitiu. En el cas de la variant de les Preses, la manca d'objectius funcionals clars, l'estratègia de fragmentació dels projectes constructius, la indefinició planificadora, la contraposició d'interessos, els canvis i les ingerències polítiques i el context econòmic canviant, tot plegat, ha provocat que, al novembre de 2012, ningú no sigui capaç de donar resposta a aquesta pregunta: per on passarà la carretera?

Més enllà de l'aproximació teòrica realitzada en aquest *workshop,* el projecte de variant de les Preses reuneix tots els ingredients perquè sigui analitzat amb profunditat. I no només des de l'ordenació o planificació territorial, sinó també les disciplines que s'hi aproximen des de perspectives econòmiques, polítiques o socials.

Enmig de la nebulosa que envolta la construcció de la variant de les Preses, que al llarg dels anys ha estat més o menys densa en funció de la força dels vents dominants, el promotor del projecte ha hagut de respondre a tot un seguit de qüestions, sobre les quals, qui més qui menys, s'ha vist amb cor d'opinar. Alguns dubtes relacionats amb el projecte, ordenats seqüencialment, poden haver

Vista de la Plana de la Vall d'en Bas (Font: Emili Bassols)

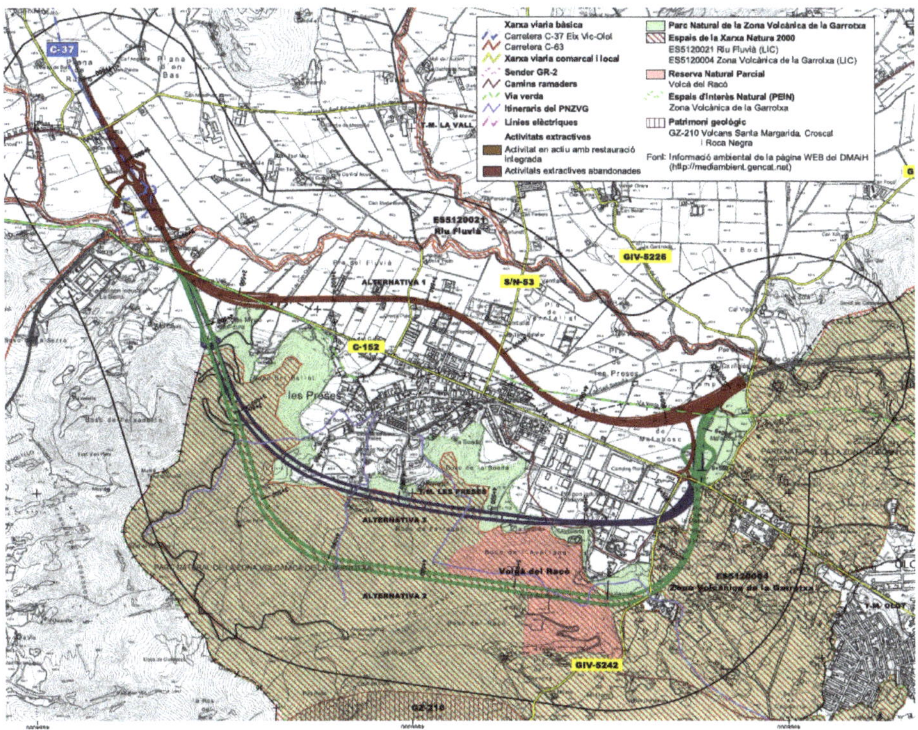

Definició dels corredors de la Variant de les Preses i l'afectació del Parc Natural. (Font: GISA,2009)

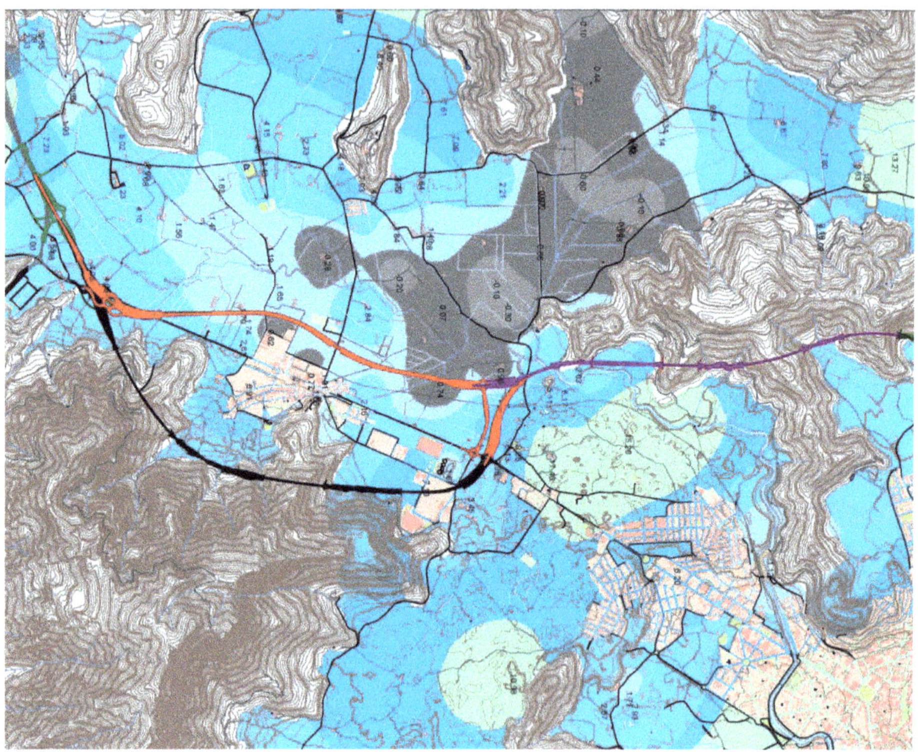

Mapa dels nivells piezomètrics de la Vall d'en Bas en l'àmbit d'influència de la variant
d'Olot. (Font: Parc Natural de la Zona Volcànica de la Garrotxa, 2007)

estat els següents: cal o no cal l'eix Vic-Olot? Estem construint un via de connexió intercomarcal o una infraestructura de gran capacitat perquè hi circuli tot el trànsit internacional que creua el país? Tramitem tot el projecte Vic-Olot alhora o el dividim per trams i, així, superem la pressió que fan les plataformes contràries al projecte? Travessem la vall per l'esquerra del riu Fluvià o per la dreta? Fem una carretera amb un únic carril per sentit o amb secció d'autovia (2 + 2)? El traçat l'apropem al riu o al poble de les Preses? Pel pla o per la muntanya? Si la fem passar pel pla, per dalt o soterrada? Si la fem passar per la muntanya, després de sortir amb un túnel, afectem el polígon industrial o la Reserva Natural del Volcà del Racó? Entrem dins el Parc Natural de la Zona Volcànica de la Garrotxa o no? Fem que els damnificats per l'obra siguin els pagesos o els industrials? Fem cas a l'Ajuntament de les Preses que la vol pel pla o a l'Ajuntament de la Vall d'en Bas que la vol per la muntanya? I així podríem seguir...

A cada nou estudi informatiu s'incorporaven canvis substancials en les característiques constructives de la carretera. Fins el 2006 els projectes de variants d'Olot i les Preses proposaven seccions de 1+1, en canvi, els projectes de 2009 ja eren de 2+2. En aquell any, quan ja semblaven resolts tots aquests dubtes i les parts implicades, fonamentalment el Departament de Política Territorial i Obres Públiques i els dos ajuntaments implicats, consensuaven un traçat que semblava definitiu -l'alternativa preferida per tots era la soterrada per la plana d'en Bas- resulta que arriba la crisi econòmica i des del govern català es desestima aquesta alternativa degut a les seves elevades exigències econòmiques. Això ens

Vista de la inundació d'un sector de la C-37 en el límit municipal entre les Preses i Olot (Font: Emili Bassols)

demostra que no existeixen límits tècnics a la construcció d'infraestructures, els únics límits són els que imposen imposen les voluntats polítiques i els costos econòmics que els mateixos polítics estan, o no, disposats a assumir. Avui, immersos com estem en una profunda crisi econòmica i social, s'ha considerat que no és el millor moment per fer grans despeses en infraestructures. Així, doncs, tornem als orígens. Tornem al punt de partida. No sabem per on passarà, amb la petita (gran) diferència que ara els extrems als quals s'ha d'unir la variant de les Preses ja estan fixats, per tant, el marge de maniobra cada vegada és més limitat i la urgència per construir-la, més gran.

Perquè la qüestió principal és com fem cabre una via nova i potent dins un espai, el de la vall d'en Bas, que té una diversitat ecològica elevada, una singularitat paisatgística reconeguda i una activitat agrària, per sort, prou intensa. Aquesta fragilitat territorial exigeix que el projecte consideri, de manera determinant, la minimització de l'impacte ambiental sobre el territori i la conservació de l'activitat agrícola actual.

L'opció que finalment es construeixi hauria de procurar fuetejar el mínim possible la vall d'en Bas; seria millor si circumda el nucli de les Preses per evitar temptacions d'ocupació urbana futura, se situa fora de les zones inundables a banda i banda del Fluvià, evita afectar les fèrtils terres de conreu de la vall, cerca solucions constructives que minimitzin l'impacte visual i paisatgístic i crea enllaços ben dimensionats que es comuniquin, de forma equilibrada, respectuosa i progressiva, amb la trama urbana del nucli urbà de les Preses.

La resolució a aquest exercici pràctic no és senzilla, per això costa tant trobar una bona alternativa. No obstant això, cal recordar que les carreteres es fan per sempre, per tant, podríem aprofitar aquests moments "d'aturada tècnica" per analitzar tots els factors que hi intervenen i cercar la millor alternativa tenint en compte que, en el cas de la variant de les Preses, estic convençut que no s'acabarà construint la millor alternativa, ni la que acontenti a tothom, sinó la menys dolenta i que a algunes persones, potser a moltes, no agradarà.

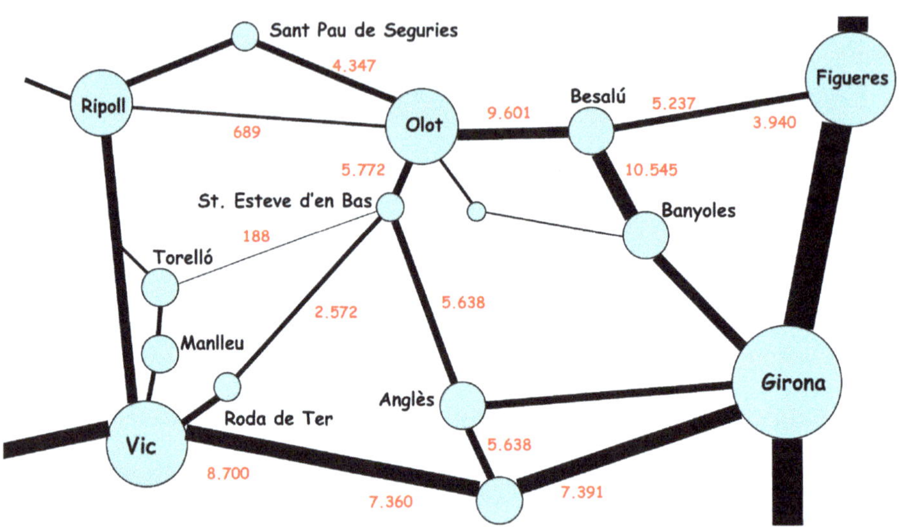

La xarxa viària a la Garrotxa el 1998. (Font: Lleonart i Garola, 2009)

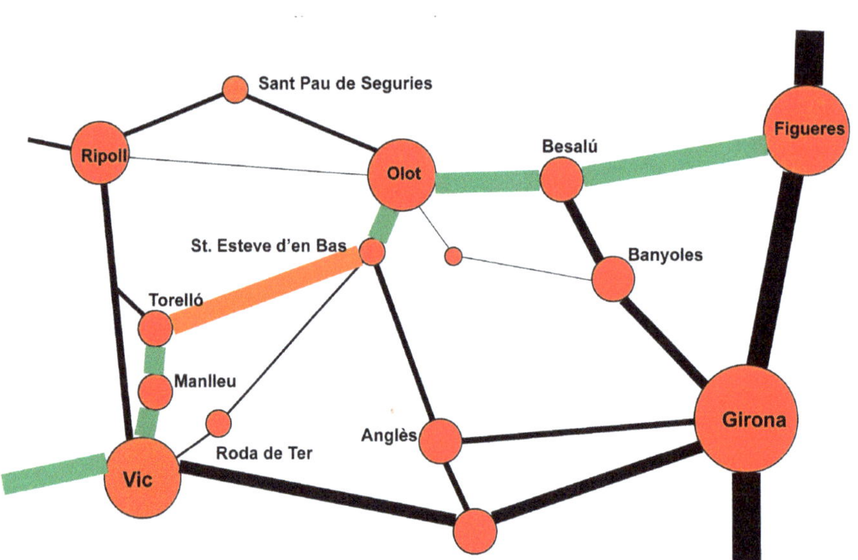

Possible (probable) escenari futur de la xarxa viària a la Garrotxa (Font: Emili Bassols)

Quan tot l'Eix Vic-Olot-Figueres (EVOF) estigui construït, quan tot estigui con-nectat, quan s'aixequi l'actual prohibició que tenen els vehicles pesats (camions de més de 7,5 tones) de fora de les comarques d'Osona i la Garrotxa de passar pel túnel de Bracons, ens adonarem de la veritable dimensió d'aquest eix i el que, finalment, acabarà sent: una via de gran capacitat per on circularà tot el trànsit de llarg recorregut que entri o surti de la Península. La variant de les Pre-ses haurà significat la darrera baula d'una cadena que lligarà, per sempre més, el futur econòmic de la comarca de la Garrotxa. Alguns pensaran que per bé, altres per mal. Sigui com sigui, ja no es podrà fer marxa enrere.

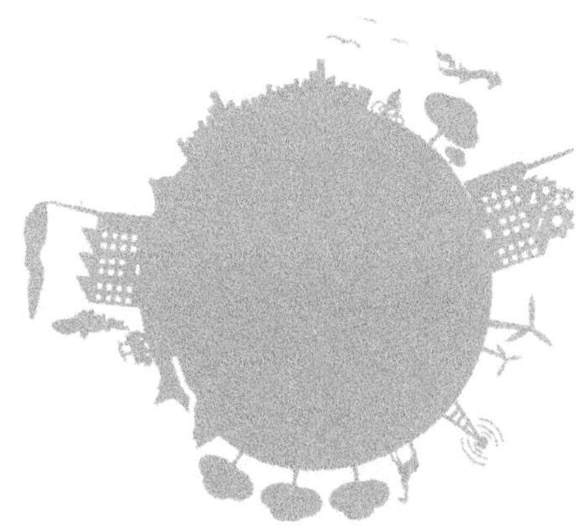

Els camins i els senders de la Garrotxa, línies de paisatge

Llorenç Planagumà
Comunicador Ambiental i Geòleg
Coordinador tècnic del CST

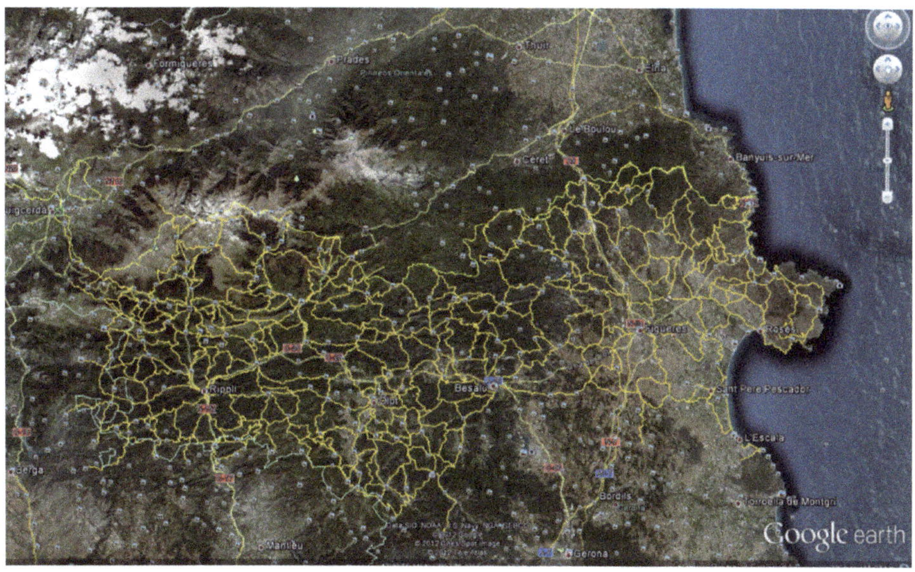

Mapa de la xarxa de camins d'Itinerània a les comarques gironines. (Font: http://ca.itinerannia.net/itinerannia/la-xarxa-de-senders/)

La comarca de la Garrotxa, que a principis del segle XX l'anomenaven la petita Suïssa catalana, té en el paisatge el seu gran valor patrimonial. Un paisatge verd, amable i tranquil que configura una manera de fer pròpia ja des de fa anys i que impregna oficis i gent. Ja en el segle XIX el romanticisme creava postals de la vida tradicional en forma de quadres pictòrics amb què neix l'escola olotina, o, més recentment, en la reinterpretació i lectura del paisatge per determinades obres arquitectòniques. Amb això només vull dir que qualsevol infraestructura, edifici o intervenció de l'home és obligat que estableixi un diàleg amb el paisatge i la terra que l'ha de rebre.

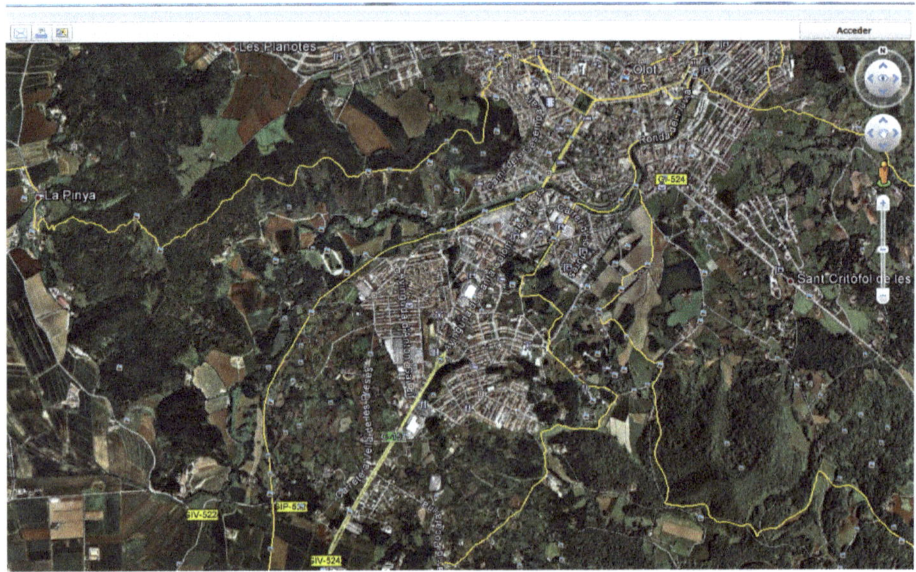

Mapa de la xarxa de camins d'Itinerannia a l'entorn d'Olot. (Font: http://ca.itinerannia.net/itinerannia/la-xarxa-de-senders/)

Quadre de reivindicació de la terra de Joaquim Vayreda de l'escola paisatgística d'Olot. (Font: http://fotent.wordpress.com/2012/05/03/)

De la mateixa manera que qualsevol intervenció cal que tingui coherència amb el paisatge, també qualsevol persona que hi viu o que visita la zona no la pot entendre de cap de les maneres si no és a peu. La petita Suïssa catalana no es pot visitar en vehicle perquè el visitant no entendria res. Cal fer-ho a partir dels camins i senders que des d'un temps immemorial han creuat la comarca. Senders històrics d'una gran bellesa en la seva construcció, que es troben plenament

Imatge de reivindicació de la terra d'Olot (Font: RCR)

Camí ramader i de mercat a la Garrotxa. (Font: Llorenç Planagumà)

integrats en el paisatge i que, com a molt, s'han convertit en petites carreteres que respecten la coherència que els cal de respecte i tranquil·litat pel territori.

Camins que tenen nom propi com el camí ral, el de la llet o els ramaders. Entenent aquesta manera de potenciar turísticament el territori des del Consell Comarcal, el Parc Natural i Turisme Garrotxa van potenciar Itinerànnia, una xarxa de senders que creua tota la comarca. Més de 700 quilòmetres per fer a peu amb què el visitant o les persones que viuen a la comarca poden gaudir d'aquest paisatge. De la mateixa manera, a partir d'una iniciativa sorgida des del municipi de les Preses, amb aliança amb els altres municipis veïns de l'antiga via de ferroca-

L'entorn natural del teixit urbà d'Olot envoltat per un Parc Natural de terreny volcànic. (Font: Emili Bassols)

rril que unia Olot amb Girona, es va crear la Via Verda per a bicicletes, on el tram entre Olot i les Preses s'ha revaloritzat com a espai públic. Aquests escassos 4 quilòmetres, lluny de tot trànsit i, per tant, de sorolls i fums, són ocupats tothora per la població d'Olot com a espai de salut amb les caminades que hi fan, és utilitzat per tots els públics d'una manera natural i civilitzada.

Olot és una ciutat de 35.000 habitants i potser és de les poques ciutats catalanes en què la fi dels límits urbans són espais de gran interès natural i paisatgístic, són el començament d'un parc natural. L'única ciutat catalana que està envoltada d'un parc natural i amb límits de creixement clars per no trencar aquest gran patrimoni que és el paisatge. Cada carrer que s'acaba a la ciutat perquè finalitza el límit urbanitzable es reconverteix en un camí que amb pocs metres ja s'endinsa en uns indrets paisatgísticament d'un gran interès, que també estan ocupats per la població que viu al voltant. Aquest fet explica que Olot no tingui parcs urbans en el teixit urbà, o quasi no en tingui, i, si en té, són poc utilitzats perquè Olot és dins un parc. Us imagineu una ciutat dins un jardí? Qualsevol urbanista o arquitecte ha de fer aquesta lectura. Cal començar a trencar aquesta illa de ciment ubicada dins un parc i fer que el paisatge del voltant entri en forma de corredors, i no d'illes verdes, dins la ciutat; i en això els camins i el riu Fluvià hi tenen un paper important perquè poden ser els eixos per on el verd de la vegetació o el negre de la roca volcànica entrin dins la ciutat, d'una banda a l'altra, de nord a sud, i la creuin.

En conclusió, aquesta comarca i la ciutat d'Olot pot reinventar-se la mobilitat i adequar-la al segle XXI aprofitant i tornant a afavorir el trànsit a peu a través de vies i camins que creuin tota la ciutat i enllacin amb els camins que travessen tota la comarca. Aquesta xarxa de camins invisibles i maltractada per la xarxa de carreteres s'han de fer visibles i prioritzar els camins envers la xarxa típica de carreteres. Pel bé de la Suïssa Catalana, de l'aprenentatge sobre fruir del paisatge dels visitants i de la salut dels seus hàbitats .

Els camins de la Garrotxa articulen el territori antropitzat. (Font: Llorenç Planagumà)

El camí del carrilet amb usos familiars i d'oci. (Font: Llorenç Planagumà)

APROXIMACIONS METODOLÓGIQUES AL TRAÇAT DE LA VARIANT

→5

Les variants d'Olot, la Vall d'en Bas i les Preses al servei del territori

Francesc Magrinyà
Enginyer de Camins i doctor en Urbanisme
Professor de la UPC i coordinador d'IntraScapeLab

Contraposició d'un paisatge antropitzat per un viari segregat i desconnectat del territori (A-26 en el tram de Sant Jaume de Llierca i Castellfollit de la Roca) amb un paisatge antropitzat per camins i senders (la Garrotxa). (Font: Parc Natural de la Zona Volcànica de la Garrotxa)

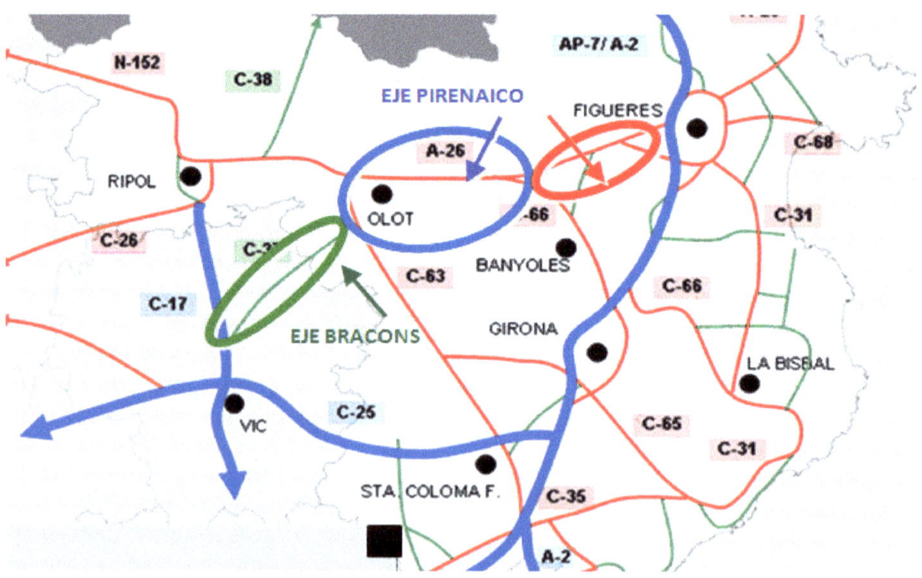

Proposta d'un eix pirinenc al Pla d'Infraestructures de Transport de Catalunya. (Font: GENERALITAT DE CATALUNYA, 2006)

Les variants d'Olot, la Vall d'en Bas i les Preses, a la comarca de la Garrotxa, s'estan convertint en l'espai de debat de dues visions contraposades del territori. Per una banda, hi ha una posició que imagina un territori amb la mateixa accessibilitat per a tothom. És un model isòtrop, en el qual hauríem de tenir un accés a una autopista o autovia a menys de 25 km des de qualsevol punt del territori, que ens hauria de comunicar amb qualsevol altra part del món (Generalitat de Catalunya, 2003). Per l'altra, hi ha una postura que vol preservar les valls del territori i els seus paisatges segons la qual és preferible que hi hagi poques autovies, perquè així es preservaran els valors naturals del territori (Fulton, 2006). En el cas de la comarca de la Garrotxa, la contraposició s'ha plasmat en el debat entre el moviment Salvem Les Valls que no volia el túnel de Bracons (Sempere, 2005) i una visió desarrollista per a la qual és fonamental que per Olot passi una autopista "europea" que comuniqui la Garrotxa amb la resta del món (Generalitat de Catalunya, 2006). Aquesta controvèrsia posa en evidència que manca un debat català actualitzat sobre quina ha de ser la xarxa de carreteres de pas de Catalunya que encara no s'ha fet seriosament. El Pla territorial general de Catalunya, que es va aprovar el 1995 (ja han passat més de 20 anys), es va redactar als voltants de 1985 (d'això ja fa més de 30 anys), i des de llavors no hi ha hagut una reflexió institucional seriosa sobre quina ha de ser la xarxa de carreteres de Catalunya. De fet, l'esquema viari dels plans de carreteres de 1985, 1995 i el Pla d'Infraestructures del Transport de Catalunya (Generalitat de Catalunya, 2006) no aporten una argumentació seriosa en aquest sentit. Només cal consultar les memòries dels plans. Les tres propostes segueixen un mateix esquema d'isoaccessibilitat que podia tenir sentit en una etapa de desenvolupament propi de les dècades de 1960-1980, però que ja no es correspon amb les visions sostenibilistes actuals. A més, en el cas del PITC de 2006, al sistema viari s'hi suma el sistema ferroviari per justificar un discurs sostenibilista, però que continua finançant únicament el sistema viari.

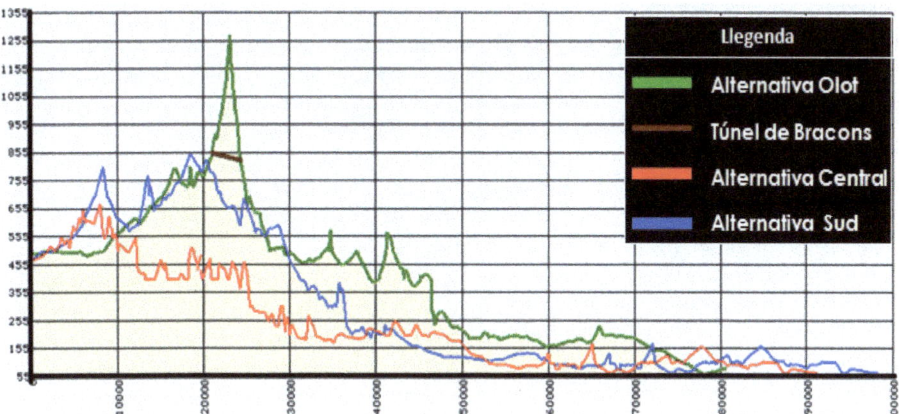

Perfils dels diferents eixos alternatius a l'eix transversal: Blau: traçat actual (solució sud); Vermell: traçat per la solució pels embassaments (solució centre); Verd: traçat per Bracons i Olot (solució nord). Es constata que la solució per Olot té un perfil més costerut i que la solució amb menys pendents és la solució pels embassaments. (Font: IntraScapeLab)

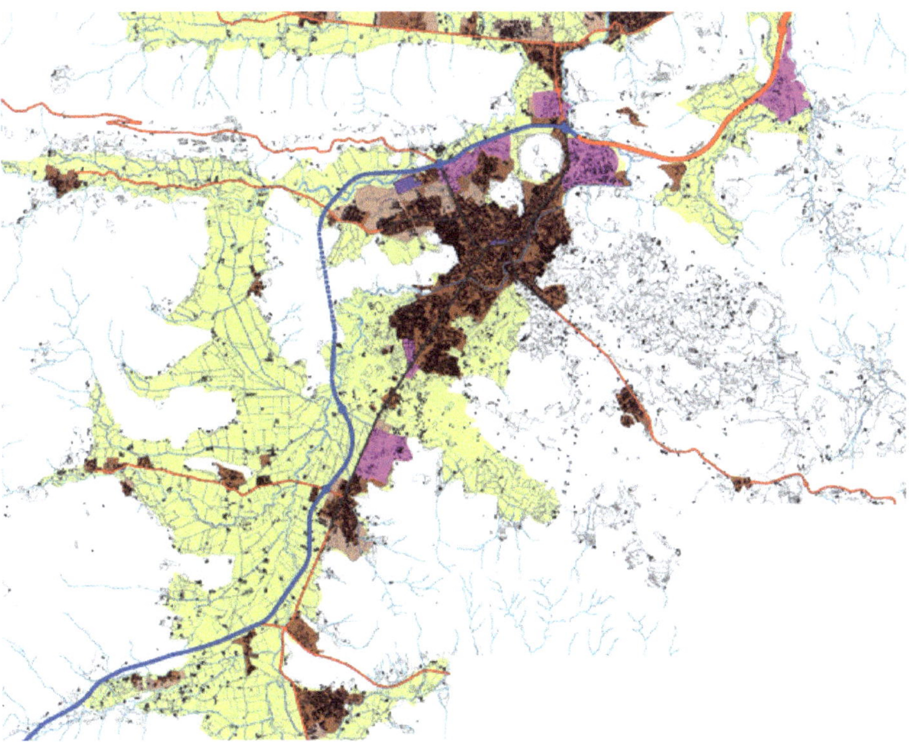

El sistema d'activitats de la Garrotxa destaca pel seu eix industrial situat al nord d'Olot i que connecta amb Sant Joan de les Fonts i Sant Jaume de Llierca. (Font: IntraScapeLab)

L'absurd d'aquest esquema el mostra el discurs que la construcció de l'eix E-9, que passa per la vall del Llobregat i travessa els Pirineus pels túnels del Cadí i Puymorens, havia de comunicar Barcelona amb París. El resultat, en canvi, és que la construcció d'aquestes obres ha desencadenat la construcció d'un munt

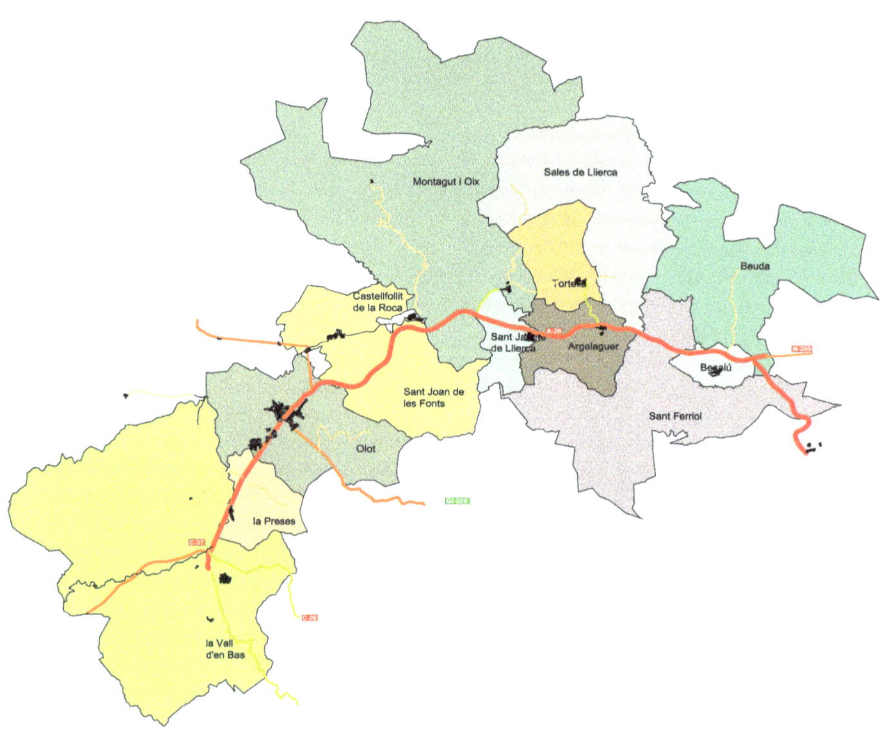

El sistema urbà de la Garrotxa s'organitza al voltant d'un eix lineal que connecta la Vall d'en Bas-les Preses-Olot-Sant Joan de les Fonts-Sant Jaume de Llierca-Argelaguer-Besalú. (Font: SANTANA, 2013)

d'apartaments de segona residència que han desenvolupat una bombolla immobiliària a la Cerdanya. Com a contrapunt, és interessant constatar que la comarca del Berguedà mira amb enveja la de la Garrotxa, perquè mentre al Berguedà el turisme només representa un 7 % del seu PIB, a la Garrotxa s'eleva fins a un 14 %, i amb unes infraestructures teòricament molt més "adverses". De la mateixa manera, la multinacional Pfizer decideix instal·lar un centre de recerca a la Garrotxa per la seva qualitat ambiental i per tenir un clúster d'activitats farmacèutiques i ramaderes. En definitiva, el més important són les activitats que s'instal·len al territori i no les infraestructures que es construeixin a la comarca com a valor absolut. Les infraestructures estan al servei de les activitats i no a l'inrevés.

El debat sobre quines han de ser les infraestructures viàries i ferroviàries ha de ser revisat amb el canvi de paradigma associat al final de la bombolla immobiliària. Fins ara, les infraestructures es construïen perquè era un negoci per a qui les construïa i es pensava ben poc amb la seva rendibilitat, tant d'explotació com territorial. El mite que més infraestructures impliquen un increment de PIB és, a hores d'ara, més que dubtós (Offner, 1993). En el cas de la comarca de la Garrotxa, aquesta contradicció és més flagrant. És la comarca amb un paisatge de més qualitat i posat en valor, i, alhora, disposa d'un sistema d'infraestructures d'una bona qualitat sense cap autopista europea. Està ben connectada amb Girona amb la N-260 i amb Osona a través del túnel de Bracons. Podem afirmar

El territori de la comarca de la Garrotxa necessita d'un sistema viari comarcal (variant 1+1) i no un sistema d'autopista de tram d'autopista (2+2) de recorregut europeu (a situar sobre l'eix de la Via Augusta). (Font: Francesc Magrinyà)

que si la Garrotxa necessita una millora és la de la variant d'Olot. Però no necessita un eix europeu que passi pel mig de la comarca. De fet, els eixos europeus que haurien de travessar Catalunya els hauríem de llegir més amb una lectura fractal, que segueix la distribució territorial dels assentaments, que amb una lectura d'una xarxa homogènia que vol quadricular el territori. Catalunya disposa de l'AP-7, la Via Augusta romana, i ara s'executen les obres del desdoblament de la C-25, l'eix transversal. El problema que té Catalunya en els propers 25 anys és aclarir quines han de ser les vies de pas europees i quina ha de ser la política de peatges, especialment dels vehicles pesats (camions). Caldria preguntar-nos si no hauríem d'obligar els camions que vénen per l'eix del Mediterrani i l'eix de l'Ebre a pujar en trens per no col·lapsar les nostres vies segregades sobre la traça de la Via Augusta. Això és el que han fet els suïssos i estan desenvolupant els alemanys. Ho fan sobre una xarxa preexistent que milloren. A Catalunya es proposen traçats ferroviaris faraònics que ja formen part de temps passats. L'eix transversal ferroviari, per tant, caldrà repensar-lo en aquesta nova època.

Perquè, al final, amb aquest esperit faraònic el que es busca en definitiva és donar feina a les constructores, tant si interessen com si no les infraestructures que construeixen. A la Garrotxa li interessa resoldre la seva variant globalment però al servei del territori de la comarca. De la mobilitat que circula per la Garrotxa, el 85 % no surt de la comarca. El que interessa a la majoria de la gent és resoldre bons traçats per a la mobilitat intracomarcal. Llegint el territori comarcal de la Garrotxa es constata que la mobilitat més important és la de l'eix econòmic Besalú - Sant Jaume de Llierca - Sant Joan - Olot, i que, per tant, la variant més important és la d'Olot, i, en especial, la del tram nord que permet interconnectar aquest eix d'activitat econòmica comarcal (Serrano, 2011). En canvi, la política de transport catalana continua encara amb aquest esperit desarrollista heretat de l'època franquista. La Generalitat de Catalunya vol un eix desdoblat que continuï el túnel de Bracons. De la part espanyola, el Ministeri de Foment continua amb el seu eix pirinenc de 2 + 2 carrils, que avança cap a Olot i que no sabem com ha de continuar. Perquè abans de continuar amb un 2 + 2 cap a Ripoll caldrà invertir en altres infraestructures a Catalunya. Al final resultarà que l'un per l'altre, Generalitat i Ministeri de Foment, l'obra més important que caldria fer, que és la variant nord d'Olot, quedi reduïda (segons la seva perspectiva) a uns eixos precaris 1 + 1. Per a ells, el més important són les obres faraòniques associades a les vies 2 + 2 carrils de l'eix pirinenc i de la variant a l'eix transversal Vic - Olot - Figueres. I amb aquesta manca de política racional, tant a tot Catalunya com a la comarca de la Garrotxa, anirem triturant el territori amb trams i més trams inconnexos i destrossarem la qualitat ambiental, en aquest cas, de les valls de la Garrotxa. En el fons, penalitzarem les activitats amb més valor afegit.

Defensem, per tant, que no té sentit fer passar un eix europeu per la Garrotxa quan ja existeix l'AP-7 i l'Eix Transversal; que les variants estan al servei de la comarca, on la necessitat més clara és crear una variant amb 2+2 carrils al nord d'Olot i resoldre, amb una segona variant (1+1) més respectuosa per la Vall d'en Bas, així com un projecte de travessera urbana a les Preses. Cal, doncs, començar a dissenyar variants per a les necessitats comarcals i no al servei d'un pensament homogeneïtzador de Catalunya que vol isoaccessibilitat, ben bé no se sap per a què, i ,que en definitiva, està destrossant territoris i hipotecant el país.

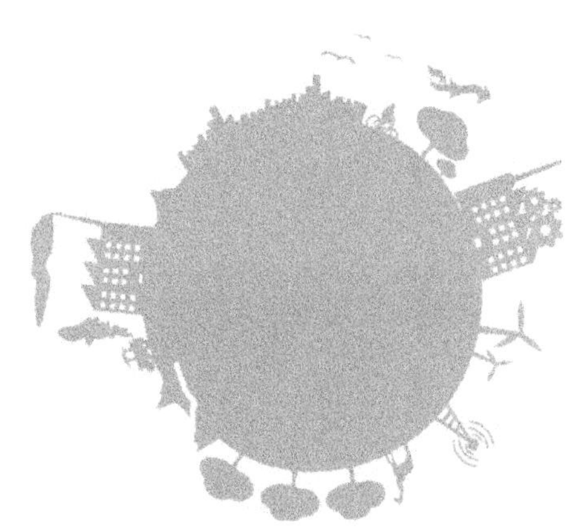

Infraestructures viàries i patrimoni cultural. El cas de la Vall d'en Bas a la comarca de la Garrotxa

Teresa Navas
Historiadora i doctora en Geografia
Professora de la UPC i membre d'IntraScapeLab

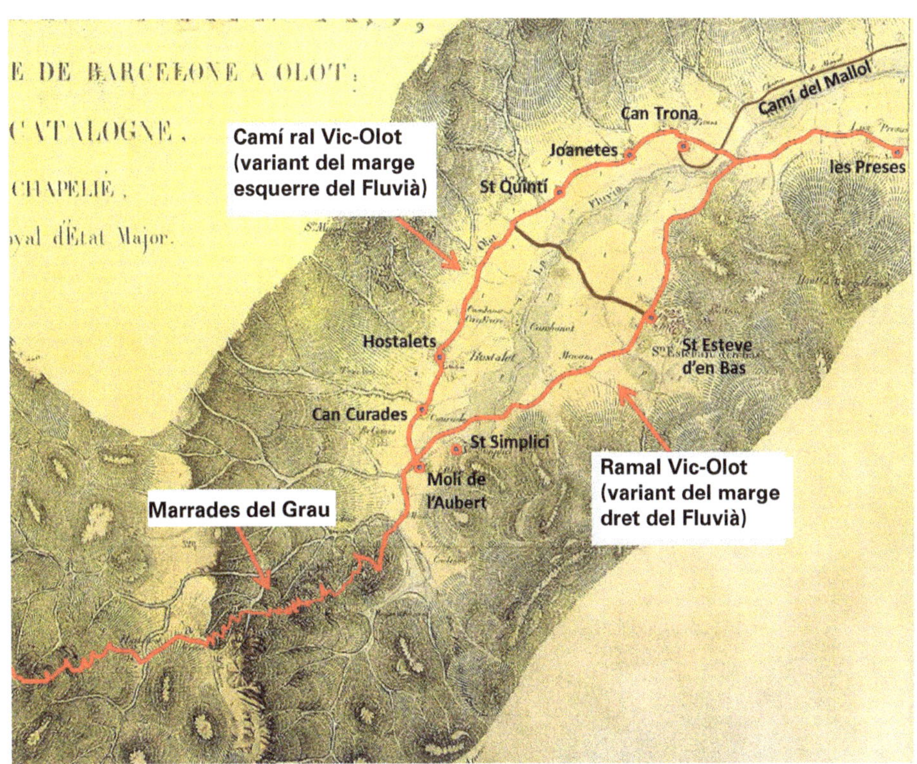

Reconstrucció de les dues variants del camí ral de Vic a Olot al seu pas per la Vall d'en Bas. Base cartogràfica a partir del detall del plànol del camí de Vic a les Preses fet per l'exèrcit francès el 1826 (Font: Elaboració pròpia sobre la base cartogràfica publicada a BUSQUETS, 2010)

Les Marrades del Grau, tram del camí ral de Vic a Olot. (Font: T. Navas/A. Ferré)

Per comprendre un paisatge és fonamental reconèixer la seva estructura viària que inclou no només les carreteres principals sinó també les vies locals i els camins antics. Aquesta asseveració és vàlida també per al conjunt del patrimoni cultural i natural, que és el resultat de les accions de l'home sobre el territori al llarg dels segles. Amb unes altres paraules, és la construcció del que en diem un territori antropitzat on es distingeixen les activitats i els usos duts a terme per les economies dels llocs. La preservació de la identitat i la qualitat territorial depèn en bona mesura del tractament que es faci del llegat patrimonial, entenent que els conjunts edificats, els nuclis de població, els camins i les estructures agrícoles són el fruit d'una saviesa desenvolupada al llarg del temps la qual té valor no perquè sigui un recurs d'evocació del passat sinó perquè manté una bona interacció amb el present.

Per aquesta raó, els camins i les carreteres locals, integrats dins el sistema patrimonial, cultural i natural, han d'esdevenir un dels instruments clars i decisius en el planejament i en els projectes d'intervenció territorial (Magrinyà, Navas i Clavera, 2013). El cas de la Vall d'en Bas, a la Garrotxa, pot ser un exemple d'aquesta visió que hem exposat, i la variant d'Olot i la travessera de les Preses proporcionen una oportunitat per aplicar una metodologia que treballi amb la variable del potencial que té el patrimoni de la Vall.

La Vall d'en Bas forma una unitat geogràfica i paisatgística que es distingeix per la categoria del seu sòl d'alt valor agrícola. Així ha estat reconegut en els documents de planejament elaborats en els darrers anys con són la Carta de paisatge i el Pla territorial de les comarques gironines. La preservació, doncs, d'aquest valor esdevé essencial i es posa en relació amb l'existència de la xarxa

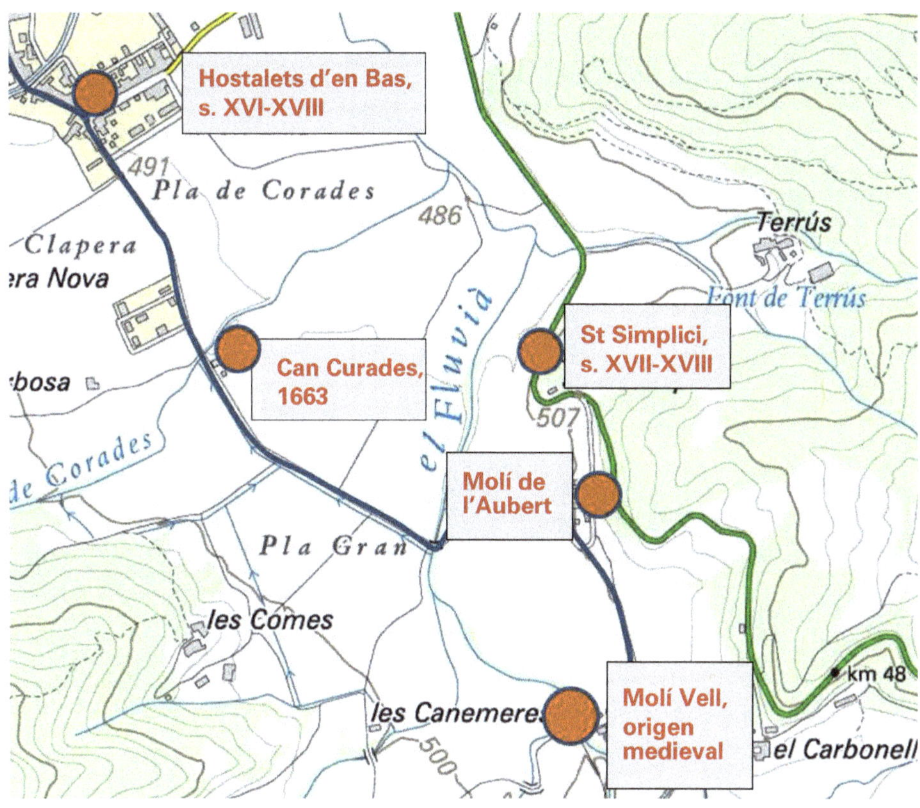

Identificació de les dues variants del camí Vic-Olot i del patrimoni associat a les vies al començament de la Vall d'en Bas. Es corresponen a la carretera Parcel·lària i a l'actual C-153 (Base cartogràfica ICC, 1:25.000; Busquets, 2010)

viària local i de camins que permeten l'accés al territori de la Vall, tant a través de vehicle motoritzat com d'itineraris per a vianants i ciclistes que recuperen una malla de camins que s'ha mantingut a través del parcel·lari agrícola. Es completa amb la Via Verda del Carrilet que anava d'Olot a Girona, convertida ara en un eix paisatgístic que recorre longitudinalment la vall. Tots aquests recursos formen part de l'oferta turística de qualitat i amb caràcter cultural de la comarca de la Garrotxa als quals s'han afegit itineraris temàtics amb el propòsit d'interpretar el passat històric del lloc; ens referim al programa de Terra de Remences que associa valors d'identitat diversos com són els conjunts històrics amb una oferta gastronòmica pròpia.

Però si ens acostem al territori a través d'una lectura històrica dels camins antics i les carreteres establim una interrelació directa entre les vies i el patrimoni construït i, en conseqüència, fem emergir l'estructura i jerarquia bàsiques del conjunt territorial de la Vall d'en Bas gestada al llarg del temps. Per això, cal que reconeixem la importància del camí ral que recorria la Vall, és a dir, de la via principal que es pot definir com "[...] el camí de comunicació històrica entre poblacions, d'ús públic des de temps immemorials" (Campillo, 2010). En la zona de la Vall d'en Bas aquest era el camí que portava de Vic a Olot.

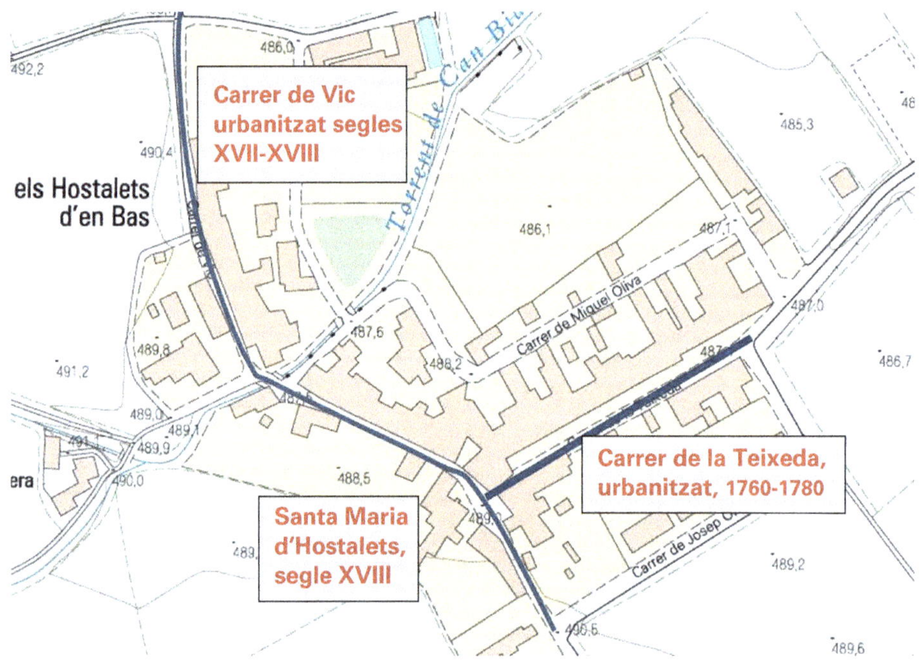

Traçat del camí ral per Hostalets d'en Bas i efecte urbanitzador de la via (Base cartogràfica ICC, 1:5.000; Busquets, 2010)

L'obertura del túnel de Bracons en l'eix de la carretera C-37 va permetre rehabilitar i restaurar la part més espectacular d'aquest camí, en el punt anomenat de les Marrades del Grau per superar el desnivell accentuat dels cingles del Collsacabra. Va ser una operació de recuperació duta a terme l'any 2010, que va posar en relleu una obra del tot singular en el conjunt del patrimoni català, un camí amb origen medieval que havia estat obrat a principis del segle XVIII d'acord amb el saber de l'enginyeria de camins d'aquella època; és per això que el designem com un camí ral modern, que es caracteritza per tenir una plataforma de pas ben definida, pel control regular del pendent per superar la diferència de cota i per un seguit d'obres de fàbrica que facilitaven el pas a un trànsit més exigent –ús militar, mercaderies, etc.– (Busquets, 2010).

Aquesta obra d'enginyeria, realitzada entre 1729 i 1731, es limità al punt on l'orografia presentava més dificultat i amenaçava la bona continuïtat de la via en una longitud aproximada de 3 km. Però el camí continuava un cop arribava a la Vall d'en Bas tot condicionant de manera decisiva l'estructura d'assentaments i activitats. De fet, tal com apareix en un plànol fet per l'exèrcit francès el 1826, la via s'identificava com la de Barcelona a Olot, i això indica la seva transcendència regional, més enllà de l'escala local. Seguramente amb orígens ben llunyans, la via de Barcelona a Olot es va convertir, a partir dels segles XVI-XVII, en un dels eixos principals de Catalunya, vinculat al dinamisme de relacions comercials establertes entre Barcelona i un seguit de ciutats i poblacions catalanes amb capacitat manufacturera.

D'aquest dinamisme en quedà empremta física, i la importància que cobrà la via en època moderna propicià el creixement urbà al llarg del seu recorregut.

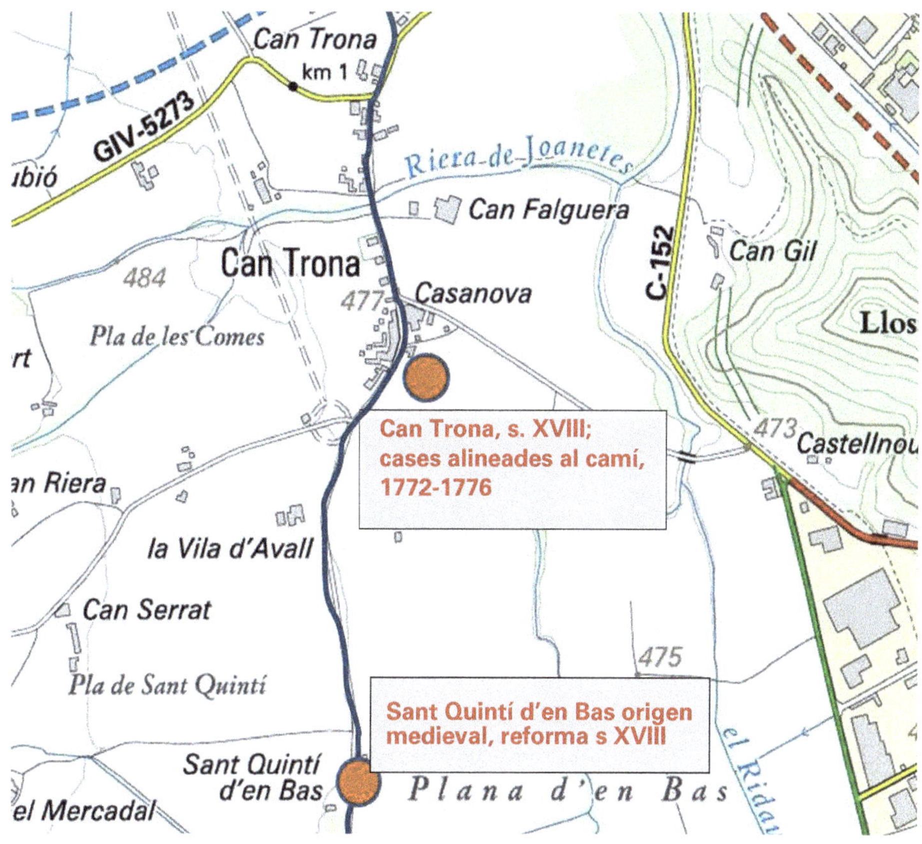

Identificació del traçat del camí ral en el marge esquerre del riu Fluvià i del patrimoni construït en relació amb la via. Zona de Can Trona en l'actual carretera Parcel·lària. (Font: Elaboració pròpia sobre Base cartogràfica ICC,1:25.000 i documentació històrica de Busquets, 2010)

Dins la Vall d'en Bas, i a banda i banda del riu Fluvià, establí dues variants que van tenir un efecte directe sobre els nuclis existents i en la situació d'ermites i cases pairals, alhora que suposà la construcció d'obres de fàbrica com petits ponts que han fixat passos encara vigents. Si analitzem aquestes dues variants ens adonem que l'eix al marge esquerre del Fluvià va permetre el desenvolupament de l'antic nucli d'hostals del poble d'Hostalets d'en Bas, amb el carrer de Vic urbanitzat a partir del segle XVII i els carrers de nova urbanització com el famós carrer de la Teixeda, entre 1760 i 1780. En la variant del marge dret del riu Fluvià trobem les mateixes constants en la dimensió temporal dels assentaments. Només cal fixar-se amb l'entitat patrimonial de Sant Esteve d'en Bas i el conjunt de la seva església parroquial, ampliat i modernitzat durant el segle XVIII.

Per tant, la Vall d'en Bas és un territori agrícola que va ser vertebrat per la presència d'un dels camins rals amb un trànsit més notable i continuat ara fa uns segles. El cas denota el paper primordial que tenen les vies en l'estructura d'inversió en l'àmbit territorial. Les transformacions posteriors, com és lògic, han alterat el sistema antic i l'han adaptat a noves necessitats però no l'han esborrat.

La importància de les variants en l'estructura de creixement del nucli de les Preses. En la imatge destaca l'alineació de l'antic camí ral urbanitzat sobretot durant el segle XVIII, actuals carrer Major i carrer de Sant Sebastià. (Font: Fototeca.cat)

*L'*anomenada carretera parcel·lària, producte de les concentracions de terrenys agrícoles de finals dels anys 60 del segle passat, segueix en bona mesura el traçat de la variant del camí pel marge esquerre del Fluvià i es complementa amb una xarxa de camins veïnals de traçat més local. Per la seva part, la carretera C-153 i C-152 va resseguint el corredor de la variant del marge dret del riu i estableix, al seu torn, noves variants com és la travessera de les Preses, una alineació perfectament rectilínia que ha assolit caràcter de via urbana. Com a tercer eix important hi ha la transformació de la via del carrilet en Via Verda.

La identitat del territori de la Vall d'en Bas, el seu potencial futur lligat a la qualitat del paisatge ha de passar pel reconeixement de la centralitat d'aquestes vies descrites ben integrades en el funcionament territorial del lloc. És a dir, dels camins antics, amb la presència poderosa del camí ral i les seves variants, i de les carreteres locals com a eixos essencials de la mobilitat rodada de proximitat, amb el seu paper vital en l'accessibilitat actual de la Vall (Navas, 2012). Qualsevol proposta de nova variant que es faci en el futur, associada sobretot a una via ràpida, ha de tenir en compte aquesta identitat que defineix la unitat paisatgística d'aquest indret interessant de la comarca de la Garrotxa.

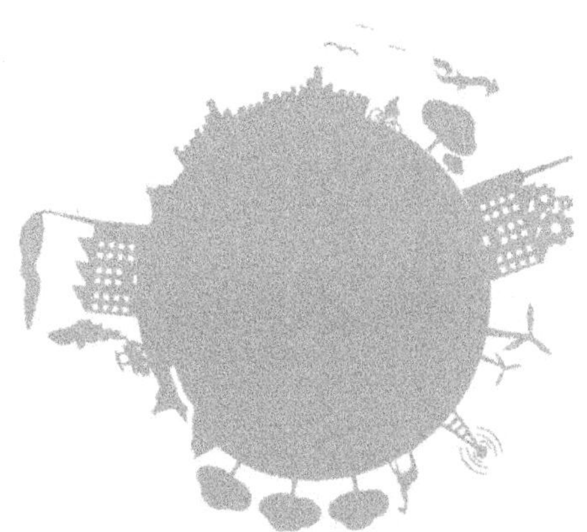

Potencials econòmics de la Garrotxa i xarxes d'infraestructures de transport

Àlvar Garola
Economista
Professor de la UPC i membre d'IntraScapeLab

El viaducte del túnel de Bracons situat a la banda de la comarca de la Garrotxa. (Font: http://territori. scot.cat/cat/notices/2009/11/carretera_c_37_ vic_olot_pel_tunel_de_bracons_1522.php)

El debat al voltant del paper que tenen les infraestructures de transport sobre la base productiva d'un determinat territori és un tema recurrent i que pren importància atès l'elevat cost d'oportunitat que té la construcció d'una xarxa de vies de comunicació, i el seu impacte visible i durador sobre el territori que ocupa.

El procés de construcció d'una infraestructura té un impacte directe sobre l'economia a partir dels efectes de demanda i la creació d'ocupació, i, per això, es tracta d'una política utilitzada, o almenys recomanada, com a política anticíclica en conjuntures econòmiques desfavorables. Es tracta d'una aproximació que ha estat analitzada freqüentment des del punt de vista de la teoria econòmica,

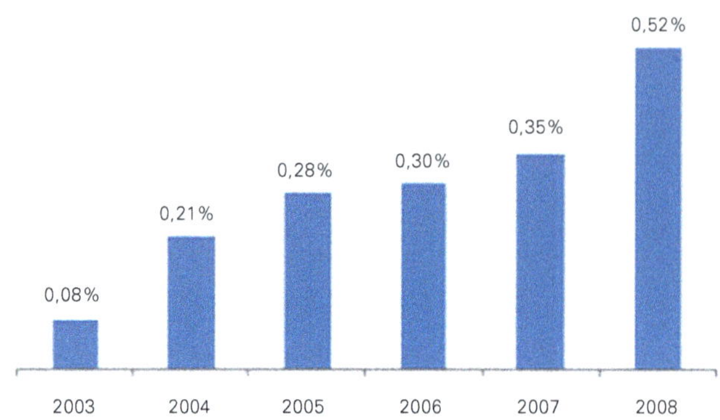

Efectes de la construcció de l'eix Vic-Olot sobre l'economia de la zona (en % sobre el PIB local). (Font: Lleonart i Garola, 2009)

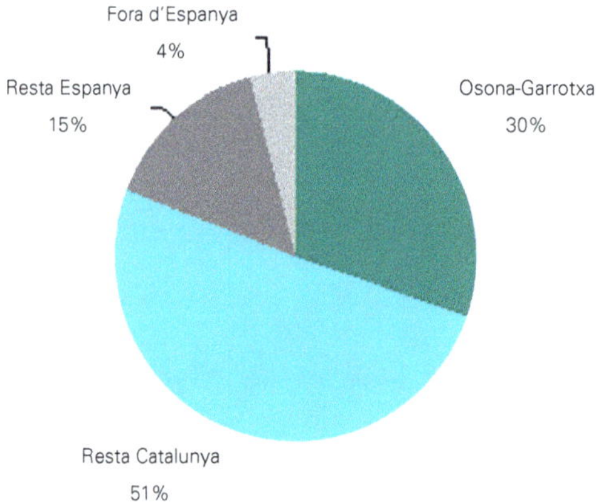

Distribució de l'activitat econòmica generada a partir de la construcció de l'eix Vic-Olot. (Font:Lleonart i Garola, 2009)

els enfocaments d'arrel keynesiana en són un bon exemple, i que es basa en la idea del multiplicador, és a dir, l'impacte econòmic que genera una actuació d'aquestes característiques és molt superior a la quantia estricta de la inversió.

Aquesta és una idea global que es pot aplicar a un bon nombre d'inversions. Què tenen d'especial les infraestructures? La creació de llocs de treball, que el multiplicador és dels més elevats entre els sectors productius, i que té un impacte molt més local. Aquestes conclusions es deriven de les anàlisis realitzades a partir de metodologies input-output, tant si es tenen en compte les taules input-output publicades per l'Institut d'Estadística de Catalunya (Idescat), o les espanyoles de l'Instituto Nacional de Estadística (INE). Val a dir, però, que són efectes puntuals, ja que finalitzen quan acaba la construcció de l'obra.

Localització de poligons industrials de la Garrotxa. (Font: Àlvar Garola)

Un exemple aplicat a la Garrotxa el tenim a la construcció de l'eix Vic-Olot. Aquesta obra, finalitzada l'any 2009, va representar una inversió de 308 milions d'euros i va crear uns 250 llocs de treball de mitjana amb puntes de 650. L'impacte d'una inversió com aquesta sobre l'economia local depèn de diversos factors, l'estructura productiva de la zona, la conjuntura del moment en què es fa la inversió, però un element molt significatiu és la participació de mitjans locals (empreses i treballadors) en el desenvolupament de les obres.

En el cas de l'eix Vic-Olot, es pot estimar que al voltant del 45 % del total dels mitjans utilitzats eren d'origen local (Osona-Garrotxa), cosa que va permetre que aquestes comarques retinguessin al voltant del 30 % de l'impacte econòmic global generat per l'obra. És un percentatge important atesa la dimensió del territori. De fet, els estudis realitzats sobre aquesta obra mostren que va aportar, depenent de l'any, entre el 0,1 % i el 0,5 % del PIB de la zona (Garrotxa-Osona) i, que el 2008 va generar una tercera part del creixement econòmic de la comarca. Unes xifres, per tant, molt significatives (Lleonart i Garola, 2009).

Però la raó de ser de les infraestructures no n'és la construcció, que té efectes molt limitats temporalment, sinó la seva existència. De fet, hi ha una idea àmpliament estesa en l'àmbit acadèmic segons la qual la dotació d'infraestructures afavoreix la dinàmica econòmica i el nivell de vida dels territoris, i que, sobretot, la manca d'infraestructures és un fre al desenvolupament econòmic. Aquesta idea ha estat àmpliament confirmada per estudis portats a terme en diferents països i territoris, on es posa en relleu la relació entre dotació d'infraestructures i qualsevol dels indicadors econòmics utilitzats: productivitat, PIB per càpita, etc.

Ara bé, els efectes no són lineals, i si bé a escala global les infraestructures potencien la dinàmica econòmica, els efectes concrets de cada infraestructura dependran de diversos factors, bàsicament dels següents:

– Fer infraestructures adequades a la base productiva local i a les seves perspectives i en el moment en què siguin necessàries.

– Mantenir-les i gestionar-les de manera correcta.

– Que siguin socialment rendibles, en el sentit que els beneficis que aporti a la població siguin superiors als costos de construir-la i mantenir-la.

Aquest és un fet encara més important en una zona com aquesta. La Garrotxa és, des d'un punt de vista econòmic, una comarca singular ja que ha estat capaç de desenvolupar un important teixit productiu, tot i els problemes derivats del relatiu allunyament físic i de comunicacions en relació a l'Àrea Metropolitana de Barcelona i a les principals xarxes del país. Això ha estat possible gràcies a iniciatives locals, basades en l'esperit emprenedor, la laboriositat i la reinversió a la pròpia comarca, que li ha permès superar els diversos processos de reconversió que ha patit la indústria local (per exemple, el tèxtil).

L'emprenedoria i la complicitat del sector públic són els elements clau per a l'èxit d'aquesta estratègia. Un context social com el de la Garrotxa, on pesa més la pertinença al territori que a la classe social, el que el sociòleg italià Carlo Trigilia anomena neolocalisme (Trigilia, 2005), facilita l'èxit d'aquesta línia estratègica. De fet, fins ara, la Garrotxa ha mostrat més resistència a la crisi, i és una de les comarques catalanes amb menys caiguda de la producció. Si se n'analitza l'estructura productiva, la Garrotxa té una base industrial potent. La indústria aporta pràcticament una tercera part del PIB comarcal, el que la converteix en una de les comarques catalanes més especialitzades en aquesta activitat.

És una industria de caire tradicional, amb un tipus de models productius fonamentats en la creació de llocs de treball de baixa qualificació i baix cost, que són molt sensibles a la competència exterior, i, per tant, són fràgils. De fet, la productivitat és baixa, però també és veritat que la Garrotxa és la comarca catalana on més ha crescut la productivitat en la darrera dècada, el que, juntament amb un cert component d'ajust laboral, indica un esforç per adequar l'estructura productiva i fer-la més competitiva.

El subsector industrial més important és l'alimentari, tant per producció com per nombre de treballadors. La incorporació de tecnologia ha estat continuada i Olot és seu del clúster del sector càrnic INNOVAC. El tèxtil ocupa la segona posició

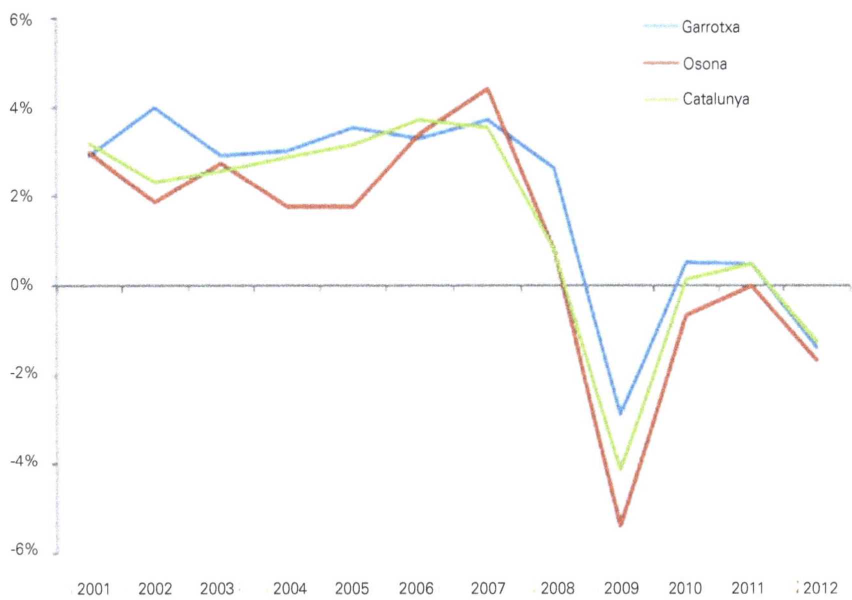

Creixement econòmic de la Garrotxa en el context d'Osona i Catalunya (en % de creixement anual en termes reals). (Font: elaboració pròpia a partir de les dades de l'Idescat. Les xifres de 2011 i 2012 són estimades)

pel que fa a nombre de treballadors, tot i que nota l'impacte de la crisi. En un tercer graó se situa la indústria metal·lúrgica, amb empreses que han invertit en recerca i que disposen de personal qualificat, la química, la del plàstic i indústries del paper i arts gràfiques, etc.

Pel que fa al sector terciari, es caracteritza per un pes important del comerç i una presència baixa de serveis empresarials. En les darreres dècades s'ha desenvolupat una base turística a partir de l'oferta de natura. La Garrotxa és la quarta comarca amb més oferta de turisme rural, unes 1.000 places, que complementen altres 1.000 places en hotels i quasi 4.000 en càmpings. El parc natural dels volcans és el seu gran actiu, que es complementa amb uns importants atractius paisatgístics i culturals, i amb l'aparició d'activitats d'oci. Segons les dades obtingudes d'enquestes als visitants, la raó principal per visitar la Garrotxa és gaudir de la natura (60 % dels visitants, i el 76 % si s'afegeix l'atracció dels volcans). Els altres motius són descansar (32 %) el patrimoni cultural (25 %) i fer activitats (17 %) (ALS, 2012). Es tracta d'un turisme bàsicament local, amb una procedència majoritària de Barcelona i el seu entorn metropolità, que aporten quasi un 45 % dels visitants, mentre al voltant d'un 20 % són estrangers. Es basa fonamentalment en estades de curta durada (2/3 dies).

En aquest sentit, l'obertura de l'eix Vic-Olot ha acostat aquesta zona a la regió metropolitana de Barcelona, i ha influït previsiblement en la potenciació del turisme de natura de curta durada.

Fins ara, aquest turisme ha mostrat ser compatible amb l'activitat industrial, i això es encara més evident si es té en compte la instal·lació recent a la zona de noves empreses en sectors d'alt valor afegit, com, per exemple, el farmacèutic, que també s'han beneficiat d'aquesta millora de l'accessibilitat.

Aquesta complexitat i varietat de l'economia de la Garrotxa és un factor important per al futur de la comarca. Com es pot comprovar, la indústria i el turisme de natura poden ser perfectament compatibles, i fins i tot es poden generar complementarietats basades en els atractius residencials de la comarca.

Igualment, cal tenir en compte aquesta complexitat per definir els futurs eixos viaris que s'han d'executar a la comarca, especialment pel que fa a la variant d'Olot. La localització de les empreses, les seves necessitats de mobilitat són factors clau per definir la seva capacitat i el traçat, però cal definir una planificació i un disseny que siguin sensibles a un dels recursos potencials de la zona, que és el turisme de natura.

Cal, doncs, adequar les infraestructures de transport a la base productiva i residencial que tenim i també a la que volem tenir en el futur. No es poden tractar els dos temes, infraestructures i model productiu, de manera independent, sinó que s'han de coordinar i planificar conjuntament per possibilitar l'aprofitament dels potencials de la comarca.

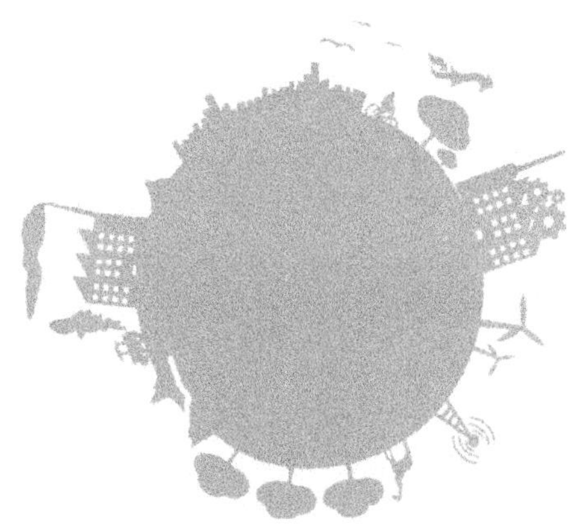

Variant de carretera i construcció del territori: una relació possible?

Miguel Y. Mayorga
*Arquitecte, doctor en Urbanisme i màster en projectacció urbanística
Professor de la UPC i membre d'IntraScapeLab*

*"Al costat de projectes d'urbanisme, nascuts al marge de l'arquitectura han aparegut models construïts pels enginyers, sobretot models de transport".
Marcel Roncayolo. La Ciutat.*

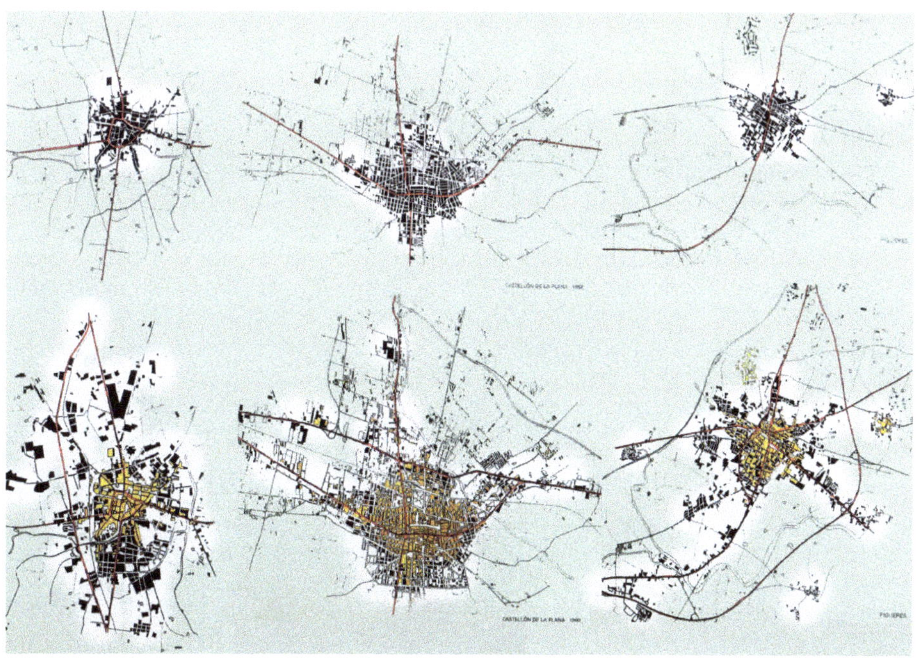

Dispersió territorial de la ciutat sobre els seus accessos i circumval·lacions: Vic, Castelló, Figueres i Logronyo i variants successives de Vitòria i creixement urbà cap a elles. (Font: Herce, 1995)

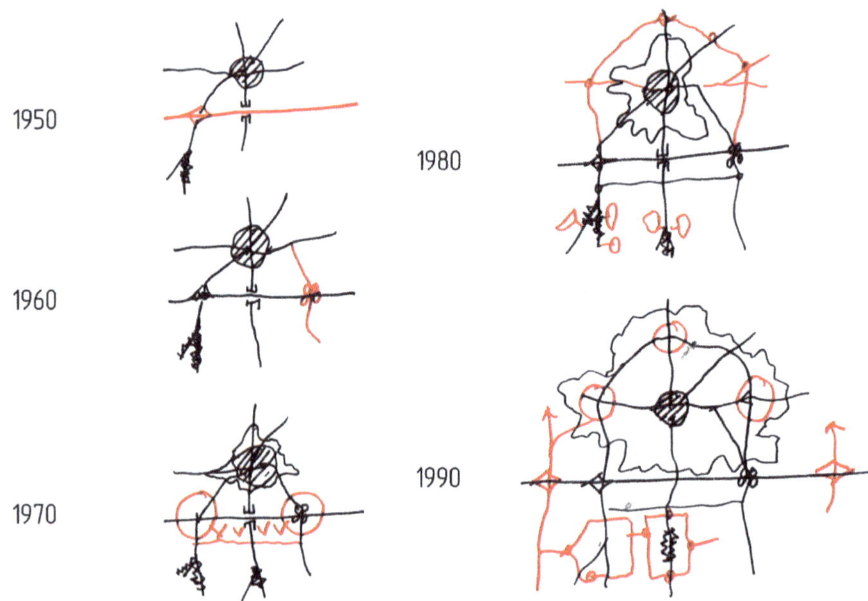

El procés progressiu de la sectorització i dispersió urbana a partir de la introducció de les variants. (Font: Mangin, 2004)

Sens dubte, un dels projectes viaris que actualment té més capacitat d'estructuració del territori és el de les variants de carretera, atès que la seva repercussió és extensa territorialment i les seves implicacions ambientals, rellevants. La variant té efectes del mateix tipus que les vies travesseres i les rondes sobre els teixits urbans de la seva àrea d'influència.

A propòsit de la proposta de l'exercici del workshop sobre la variant per a Olot, valorem aquí alguns aspectes clau que cal considerar en el projecte de les variants. Hi ha diverses aportacions de diferents acadèmics i projectistes sobre les implicacions territorials del traçat de variants de carretera (Herce, 1995, 2011), (Herce i Magrinyà, 2002), (Gómez, 1985), (Coronado, 2008). Aquests autors adverteixen de la transcendència, les conseqüències urbanes i també sobre l'evolució i adaptació dels paràmetres de disseny de les variants. Una altra revisió d'ampli espectre és la de Mangin que estableix una combinació d'estratègies viàries i usos a escala urbana, i de traçat viari a escala territorial. Segons aquest autor, la qüestió no radicaria tant en els usos i l'especialització viària de les infraestructures, sinó en com s'utilitzen aquestes de forma combinada (Mangin, 2004). De fet, l'automòbil és un important adaptador territorial (Dupuy, 1995) i per això ha triomfat en el territori acompanyat de les infraestructures i els usos associats. Des d'aquesta posició, s'explica que hi hagi noves formes i estructures a la ciutat contemporània, i que és precisament des del'enteniment d'aquestes que es poden plantejar noves solucions. Alguns autors com Viganó, Munarin i Tosi indaguen sobre els processos d'urbanització i producció de formes de creixement sustentades en l'agrupació i transformació dels nous "materials" que configuren aquesta realitat metropolitana estesa sobre el territori (Viganó, 1999; Munarin i Tosi, 2002). Des d'una lògica que valora el patrimoni territorial, es fa cada cop més èmfasi en el viari d'ordre secundari i la xarxa de "carrers territorials". En aquesta perspectiva es con-

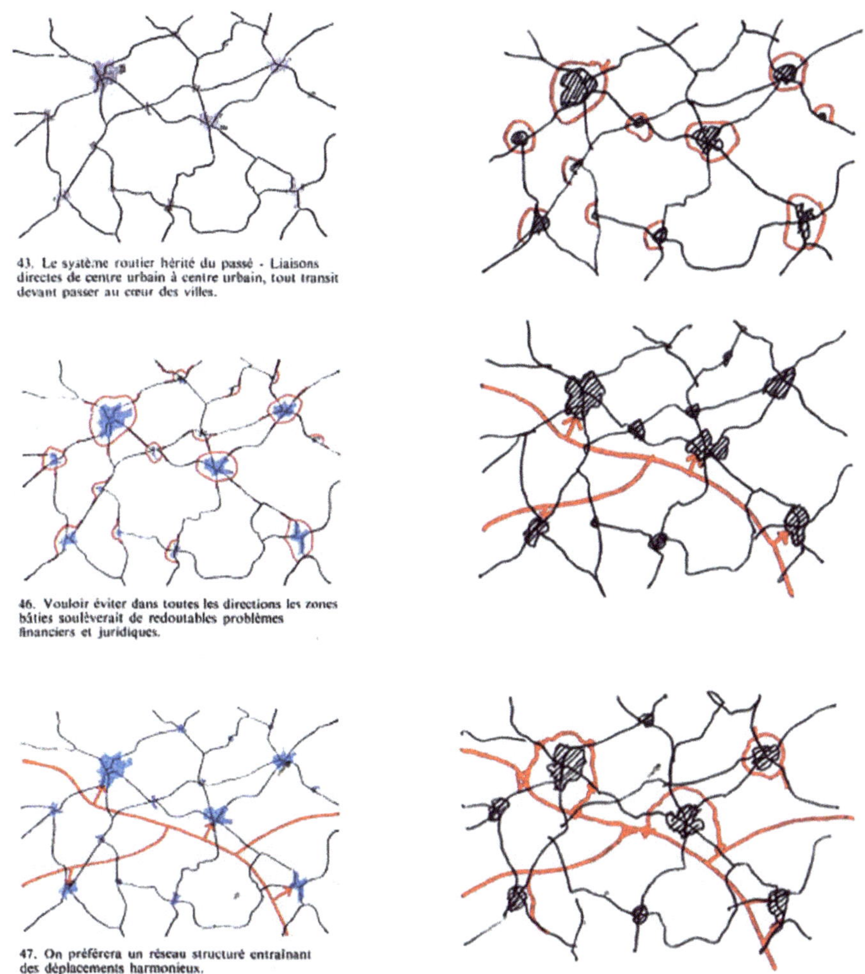

Implementació de variants i rondes a escala territorial en casos hipotètics per Buchanan (Buchanan, 1963); i la tendència actual per al cas francès (Mangin, 2004). (Font: Mangin, 2004)

sideren les carreteres i els camins com a elements estructurants del territori (Navas, 2012).

El sentit de dissenyar una variant és, en principi, el d'alliberar i descongestionar els nuclis urbans del trànsit de pas. En una primera opció s'estableix crear un bypass, una via alternativa a la via travessera principal. Aquesta via envolta el nucli a una distància prou reduïda per tal que el recorregut final no sigui massa llarg i costós, però també prou allunyada perquè no generi expectatives sobre propietats ni parcel·les urbanes, de tal manera que no s'encareixi ni es compliqui l'operació. Aquestes premisses normalment acaben justificant que el traçat es projecti per espais rurals o sòl no urbanitzable, en sòls no protegits.

Exploracions sobre els materials urbans i el viari de la no-ciutat a l'àrea del Vèneto. (Font: Munarin i Tosi, 2002)

El sector com a projecte d'articulació d'usos, teixits i edificacions, atenent al potencial del viari i a les condicions ambientals. ZAC les Citis, Hérouville-Saint-Clair. França. (Font: Mangin, 2004)

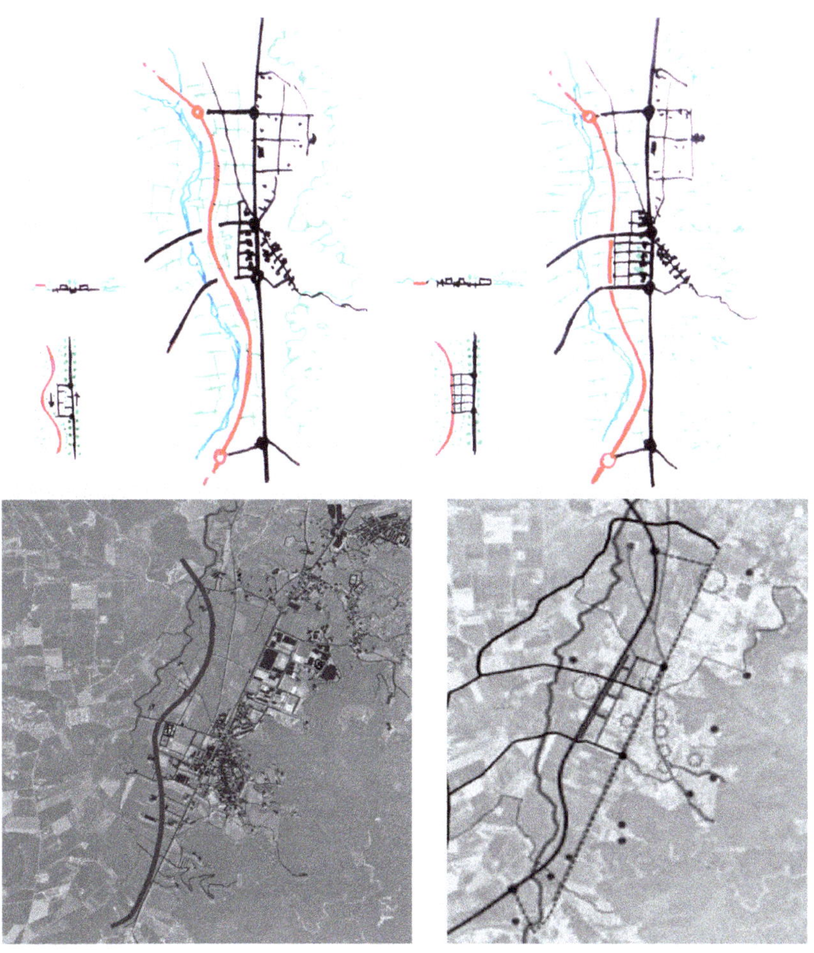

Dues hipòtesis per la variant d'Olot i el seu encaix a les Preses i la Vall d'en Bas: una variant que integra el paisatge rural i intenta no produir expectatives de creixement i una variant-ronda que articula el desenvolupament d'un sector com a nou eix i front urbà. (Font: IntraScapeLab)

Una altra opció és la de definir directament eixos viaris segregats d'alta velocitat als quals es connectaran els nuclis. La introducció de la nova xarxa promou finalment la creació de variants als nuclis. Cal assenyalar que, en aquesta nova perspectiva, les especificacions de traçat de les variants s'apropen més a traçats segregats propis d'autopistes o autovies que a traçats urbans. El resultat és el d'una estructura viària composta per un eix viari de més jerarquia que intenta apropar-se als nuclis i els ofereix una accessibilitat que pot arribar a resoldre's amb una connexió simple o en o en variant. Amb aquest esquema s'alteren de manera radical les lògiques de relació entre els nuclis, la relació amb la seva estructura interna i també els seus accessos i portes.

Respecte al planejament local –i si el traçat de la variant és un dels elements centrals–, veiem que s'estableix una franja de reserva de sòl amb un possible traçat de variant que correspon a les expectatives de creixement futur del municipi. Aquesta proposta inicial haurà de respondre tant a l'optimització de lògiques funcionals com també a les relacionades amb la repercussió d'un impacte ambiental menor.

En la redacció del projecte es fan estudis d'avaluació que tenen en compte una sèrie d'alternatives que, comparades mitjançant l'anàlisi multicriteri, estableixen quina és la millor opció que cal projectar.

Cal assenyalar que a l'hora d'establir el traçat d'una variant pròxima a un nucli de població es pren com a referència la classificació del sòl, considerant d'entrada els sòls urbans i urbanitzables com a poc aptes per donar cabuda al traçat, mentre que el sòl rústic té una gran capacitat d'acolliment. Els traçats, llavors, tendeixen a allunyar-se dels sòls urbans i urbanitzables. No obstant això, cal destacar que des del punt de vista funcional i ambiental, l'impacte de la variant –autopista o carretera– envers el nucli no dependrà solament del traçat i la seva distància al nucli, aspecte al quals es dóna normalment més importància. També cal tenir en compte la localització, la quantitat, la distància i la resolució específica dels punts de connexió amb les carreteres locals que donen accés al nucli. En aquest sentit, és d'especial rellevància el disseny de la secció, no solament per la capacitat viària expressada en el nombre de carrils i la seva amplada, sinó també per la forma d'adaptació als diversos llocs per on transita i per la solució de vores que planteja.

D'altra banda, una variant produeix un efecte de descàrrega de la via travessera quant al trànsit de pas, fet que implícitament indueix a replantejar el propi disseny de la via travessera, en les seves funcions urbanes i localització d'activitats. La variant i la travessera es converteixen, així, en una oportunitat de transformació urbana important que transcendeix a tot el municipi.

En un aspecte més específic de disseny de les solucions urbanes, cal fer èmfasi en les relacions transversals a la variant als dos costats dels àmbits per on transita, i en la transició o encaix amb les estructures parcel·làries i de viari menor, els usos i densitats.

A més, cal parar atenció al disseny específic dels nous accessos i enllaços, que per la seva alta capacitat polaritzadora poden assumir el paper de noves portes urbanes.

Per al plantejament d'un model alternatiu al model actual d'urbanització dispersa i de malbaratament del territori, és necessari situar en una posició central la reflexió sobre el rol de la infraestructura viària en l'estructuració urbana i territorial. En aquesta perspectiva, la variant és un espai d'oportunitat, una important reserva de sòl públic a partir del creixement i extensió de la ciutat. Pot ser un factor positiu que permeti fer operacions que tornin a unir, ordenar i recompondre els diferents elements de l'espai urbà i articular els "materials" urbans que colonitzen el territori, amb la seva base geogràfica, rural i natural.

Cal repensar el projecte del viari en els termes metodològics de les noves modalitats del projecte urbà, proposant nous espais de centralitat com a catalitzadors funcionals i socials, fent que la infraestructura no sigui solament un agent d'urbanització, sinó també agent d'urbanitat. Des d'aquesta perspectiva, i en el cas específic del taller de la variant d'Olot i el seu encaix a les Preses i la Vall d'en Bas, s'han proposat dues hipòtesis de traçat: una variant que separada del nucli s'integra al paisatge rural i intenta no produir expectatives de creixement, i una variant-ronda que interactua amb el teixit del nucli existent i aporta un nou eix i front urbà. Aquestes propostes pretenen que la variant sigui un element de construcció positiva del territori.

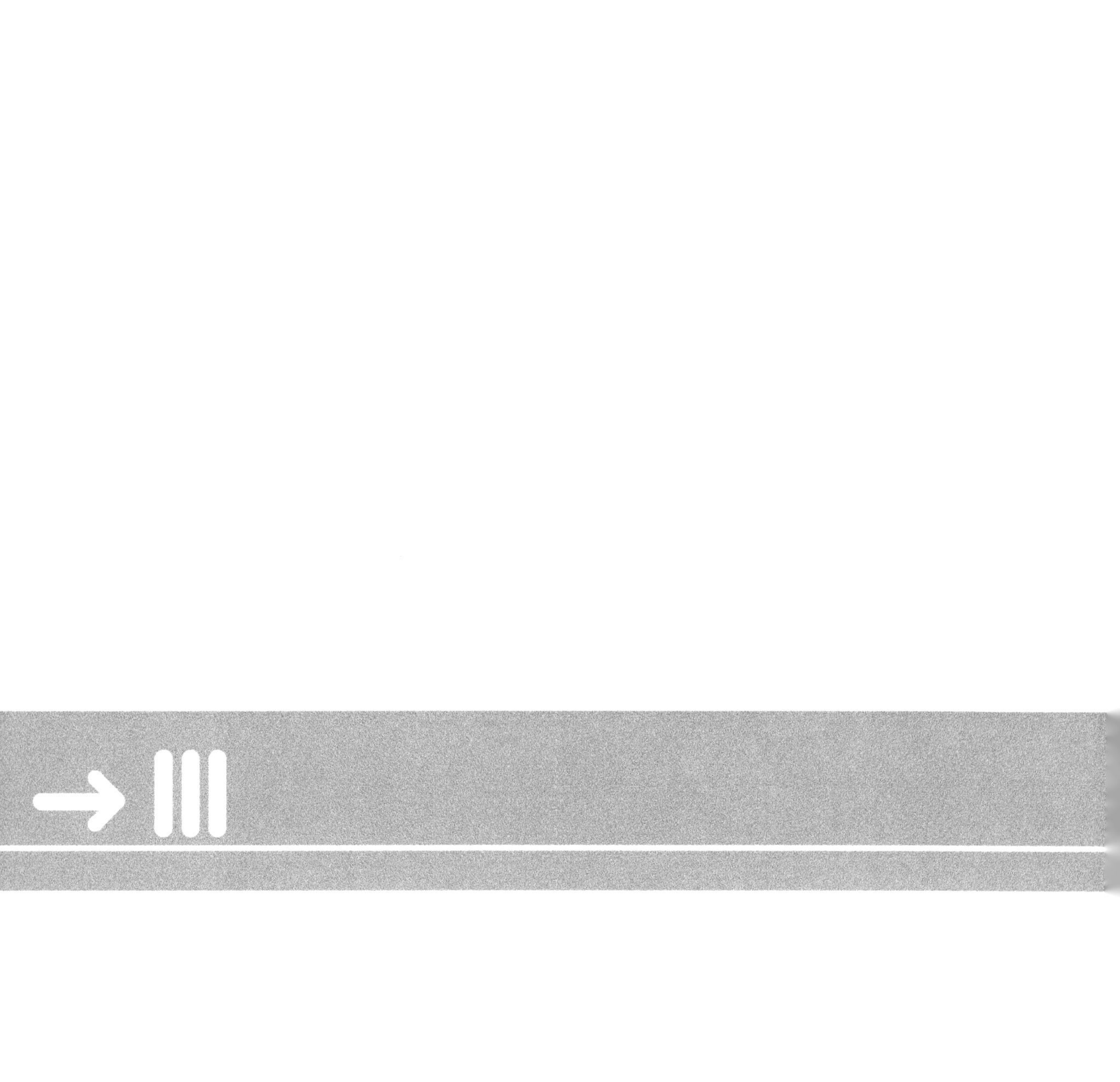

ALTERNATIVES I PROPOSTES

El projecte de la xarxa viària especialitzada. Dues propostes per a la variant de les Preses a l'eix Vic-Olot

Josep Mercadé Aloy,
Enginyer de Camins i Arquitecte
Professor de la UPC i membre d'IntraScapeLab

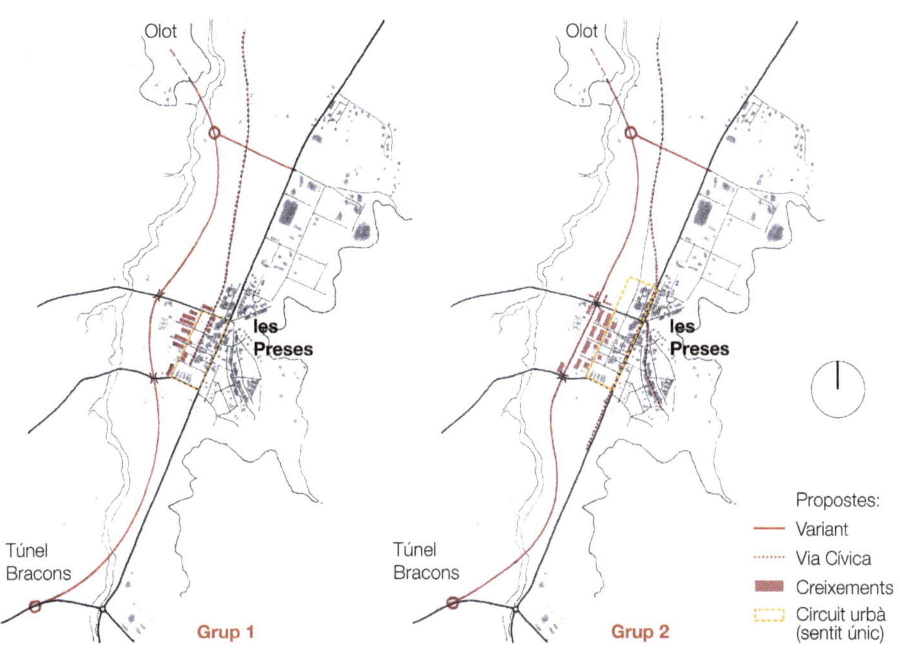

Plantes generals interpretatives dels treballs realitzats pels estudiants dels grups 1 i 2. (Font: Josep Mercadé, 2013)

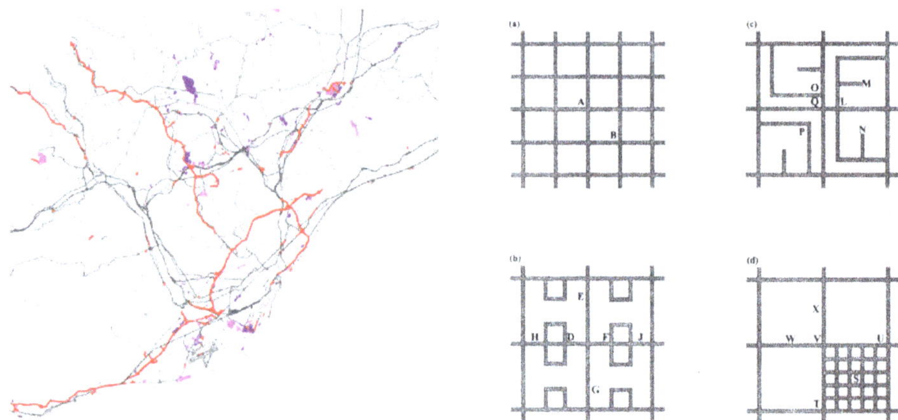

Evolució de les infraestructures viàries i terciari i dotacions a la Regió Metropolitana de Barcelona, 1984-1994 / 1994-2004 (Font: Font, 2012). Quatre configuracions de xarxa de la mateixa densitat viària i efectes ecològics diferents (Font: Forman, 2003).

La ciutat contemporània és una realitat estesa de nuclis, matèria urbana dispersa i espais oberts, un paisatge-ciutat, "un territori de la ciutat en què els plens i els buits prenen la mateixa importància organitzativa i on el paisatge es transforma a un ritme equiparable al de la modificació de la percepció subjectiva del seu territori per un ciutadà atònit" (Herce, 2001). Entre els responsables d'aquesta realitat hi ha la implantació d'infraestructures viàries especialitzades. Aquestes són el punt de partida d'un reguitzell de transformacions, aparentment espontànies, dels nostres entorns. Fenòmens tan diversos i específics com la polarització per localització de paquets de ciutat especialitzada (Herce i Magrinyà; 2002; Font, 2012), o els efectes ecològics associats a la fragmentació d'hàbitats (Forman, 2003), són només una mostra aleatòria de l'immens repertori que condiciona el mosaic territorial actual.

Paral·lelament a l'anàlisi i la interpretació dels efectes en l'entorn construït, cal tenir en compte el projecte de la infraestructura viària. Sorgeixen, així, molts interrogants a partir dels quals es planteja el repte del taller. L'artefacte viari s'ha de limitar a resoldre's a si mateix? Pot ser un element actiu d'ordenació del paisatge construït? Pot preveure i organitzar aquelles alteracions territorials induïdes, aparentment inevitables?.

La curta durada del format workshop obliga a prendre ràpidament posicions clares. Es descarta la possibilitat d'una alternativa 0 (deixar-ho tot igual) i es demana una solució factible per a la Vall d'En Bas que doni continuïtat a l'anomenat eix Vic-Olot. Les primeres aproximacions escrites i gràfiques per part dels estudiants participants, un cop dibuixats i digerits els condicionants naturals i antròpics bàsics, coincideixen a plantejar una via de caràcter més aviat comarcal, de secció 1 + 1, que discorreria entre el riu Fluvià i el municipi de les Preses. L'elecció de la secció tipus respon al seu encaix territorial en el sistema d'infraestructures de mobilitat per al conjunt de Catalunya i a la voluntat de reduir les afectacions ambientals i paisatgístiques, especialment crítiques a la Vall d'en Bas.

Per a l'elecció del corredor es descarten les variants del salt més enllà del riu Fluvià i dels possibles túnels pel costat est de les Preses. Es presenta com a més apta una solució alternativa en superfície.

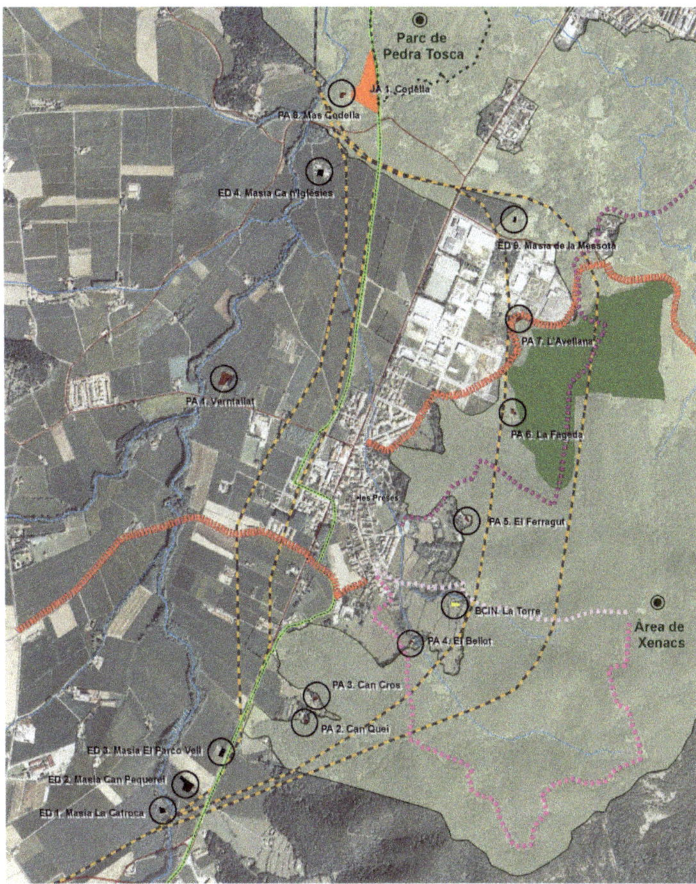

Mosaic territorial i alternatives de variant oficials. (Font: ERF 2008)

L'acostament a les Preses, més enllà de minimitzar la fragmentació dels espais oberts, evita, a priori, donar accessibilitat addicional a indrets de caràcter rural, i restringeix aquest privilegi de relocalització territorial relativa als possibles creixements i/o densificacions de la part del municipi de la Vall d'en Bas en continuïtat amb les Preses. Quant a la posició dels enllaços viaris, es pensa intuïtivament en dos accessos al sud i al nord, que queden propers als polígons industrials, de La Serra i de Pladavall respectivament, per bé que es treballa amb la llibertat de pensar en un tronc, de caràcter segregat o no, al seu pas per les Preses.

Així, en una primera perspectiva (grup 1) s'entén que cal coordinar diverses intervencions que han de ser compatibles. Per una banda, un traçat regit per l'estructura dels espais oberts amb llurs condicionants, que fa especial atenció a mantenir la permeabilitat de la xarxa de vies i camins preexistents. Es tracta, aleshores, d'un traçat oscil·lant, que discorre en terraplè, amb aspecte "segregat" en el sentit que podria suportar seccions de més capacitat. Per altra banda, un replantejament de la mobilitat interna de les Preses per a la seva pacificació. Es planteja una segregació dels dos sentits del trànsit de la travessera, ara de sentit únic, que permet incrementar l'espai dedicat als desplaçaments a peu i amb bicicleta quantitativament i qualitativa. Ambdues operacions estableixen un diàleg intencionat de caràcter local a través de llurs contactes –nusos i viari

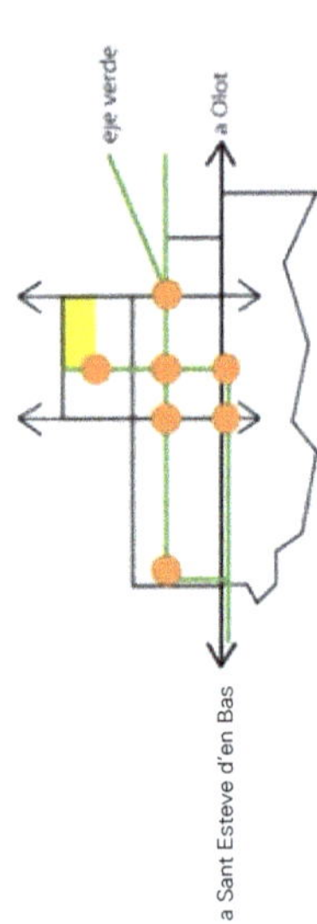

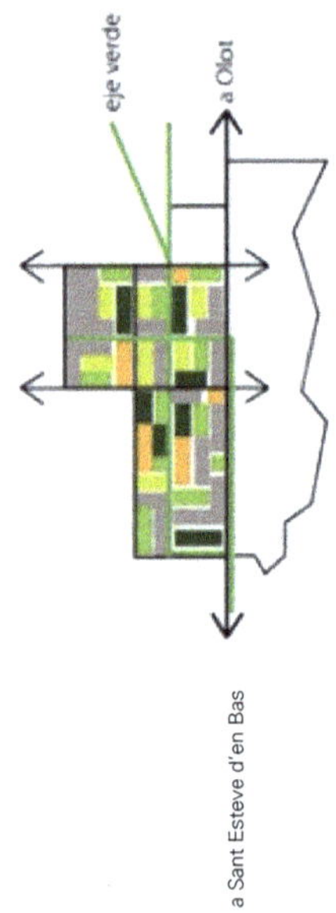

Propuesta: puntos de potencialidades

Propuesta: mosaico urbano natural
puesta en valor del entorno
equipamiento como límita

Esquemes d'ordenació per a les Preses amb proposta de punts potencials i eix verd; i proposta de mosaic
natural de transició amb el sistema natural. (Font: Estudiants workshop IntraScapeLab Grup 1, 2012)

col·lateral–, i espais intersticials resultants. La justa mesura d'aquests permet organitzar certs assentaments i activitats que aporten un nou sentit estructurant a l'eix del Carrilet, i fixen l'encaix de la nova via.

Contràriament, una segona perspectiva (grup 2) opta per integrar en un únic gest actiu el control de l'ordenació i els seus efectes. A l'estructura del mosaic agrícola s'insereix una directriu precisa al seu pas per les Preses essencialment recta, domesticada. Automàticament s'esdevenen dos fenòmens clau. Es genera un espai de geometria clara i acotat per a un creixement potencial al costat de la ciutat. S'utilitzen les dues vies principals que creuen la nova traça per la localització puntual, al costat de la Vall d'en Bas, de paquets d'activitats. Aquests integren els objectes preexistents, abans disseminats, en una llei pròpia de relació via-edificació de ritme construït/natural-productiu sintàcticament recognoscible. Addicionalment, es reconfigura l'espai de la mobilitat de l'antiga travessera, ara més alleugerida, que esdevé de sentit únic i queda l'altre sentit embegut en el teixit existent al costat de la Vall d'en Bas. La interposició de glorietes en ambdós extrems de la travessera permet que es desdoblin, i, alhora, actuen d'elements sensitius de control de la velocitat. Finalment, es té molta cura a donar vida pròpia a la via cívica del Carrilet i es provoca un encontre estratègic amb el carrer de Sant Sebastià - carrer Major, espina vertebradora dels creixements urbans en el passat.

Resulta especialment significatiu que, tot i la durada limitada del taller, ambdós grups dediquessin una part important del temps a l'ordenació d'allò que la nova

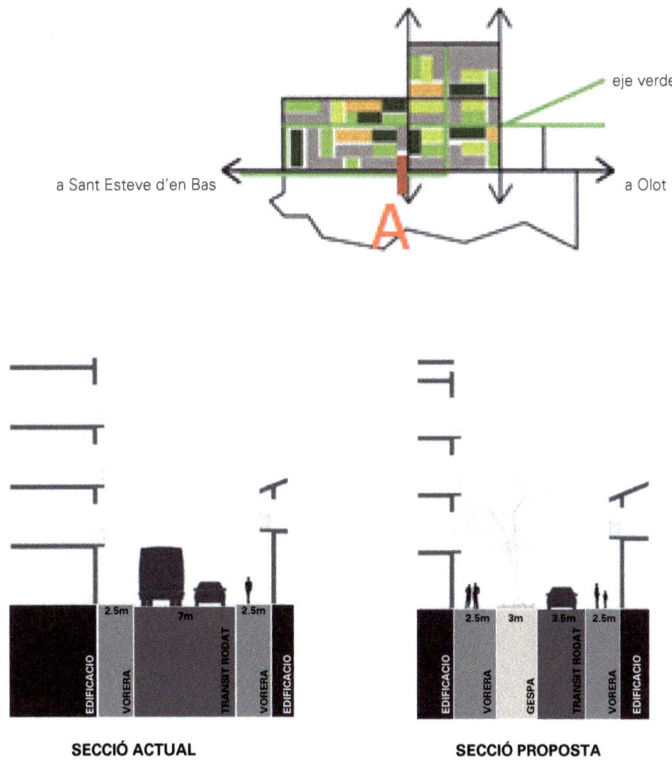

Secció viària de la travessera de les Preses: a) Situació actual amb doble sentit i b) Proposta amb sentit únic i ampliació de voreres amb un eix arbrat. (Font: Estudiants workshop IntraScapeLab Grup 1, 2012)

via deixa "enrere". La via especialitzada de nova planta es veu com una oportunitat per repensar el caràcter de la travessera urbana.

Ambdues aproximacions fan entrar en joc els carrers de Dalt i de Pau Casals en una transformació general. L'establiment d'un circuit de circulació rodada de sentit únic permet una apropiació física de l'espai públic molt notable, especialment per a la circulació a peu i amb bicicleta amb l'arbrat i el mobiliari urbà associats. Així es reparteixen, alhora, d'una manera més equilibrada, les oportunitats per a la implantació d'activitats de planta baixa, que puguin contribuir a dotar d'urbanitat els espais resultants. Les propostes de reconfiguració de les seccions tipus dels viaris implicats realitzades per part dels participants al taller demostren que aquestes transformacions són factibles.

Amb tot, es posa de manifest que el projecte de via especialitzada no es pot reduir al monòleg de la seva geometria i funció mecànica necessària en una mena d'eslàlom tridimensional dels diversos condicionants i preexistències, amb mesures correctores perquè sigui legítima. Es tracta d'un instrument de gran potencial transformador, que assumint la necessitat d'intervenir en l'ordenació global del seu àmbit d'influència pot introduir dinàmiques territorials desitjables. Si, com ha expressat Waldheim, els espais oberts són l'element estructurant d'avui dia, la via especialitzada és, sense cap mena de dubte, una de les seves eines principals (Waldheim, 2006).

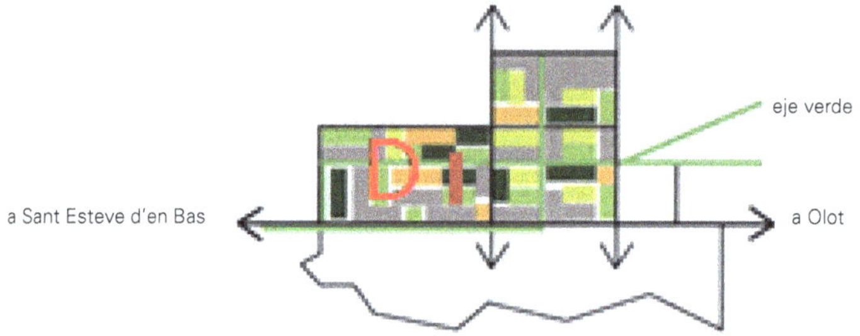

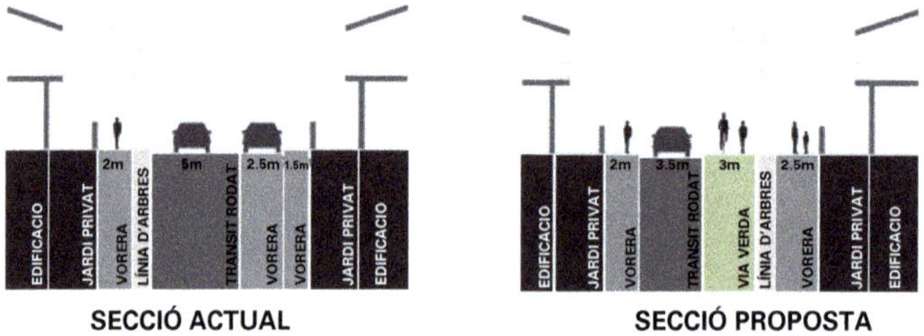

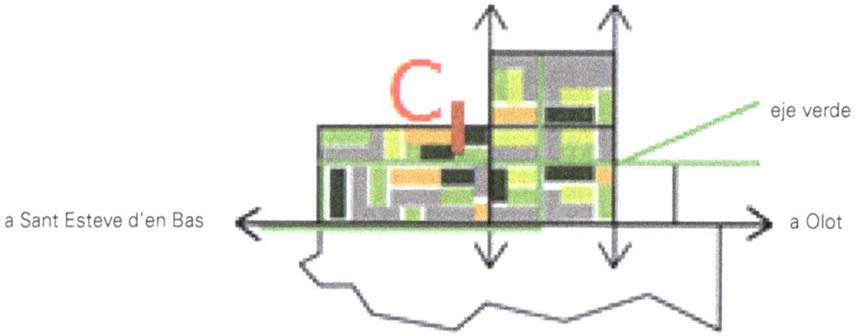

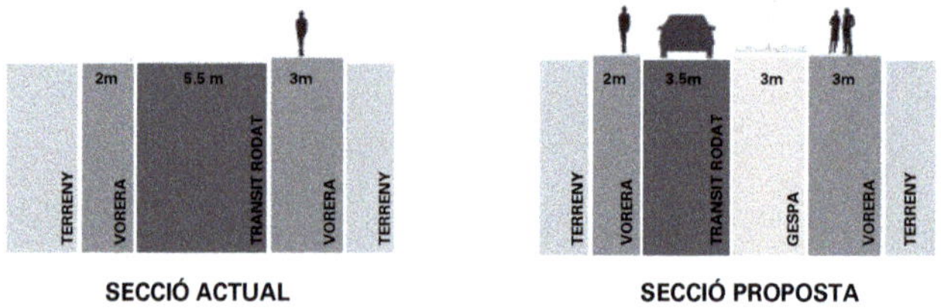

Seccions viàries dels carrers interior (D) i de pas en l'altre sentit (C) de sentit únic proposades per als carrers de Dalt i de Pau Casals. (Font: Estudiants workshop IntraScapeLab Grup 1, 2012)

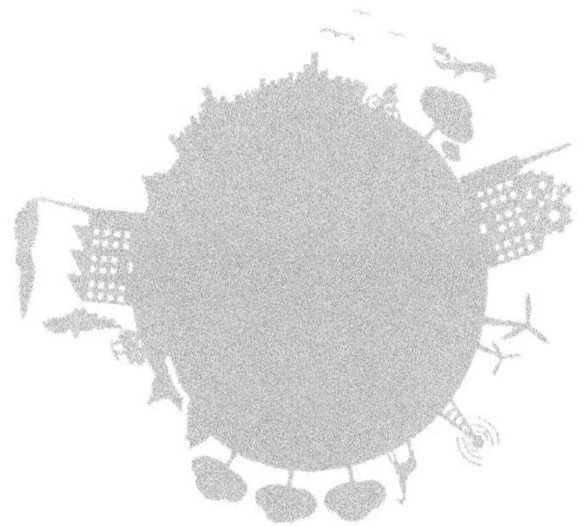

→ 10

Les alternatives de traçat

Xavier Martí Bofill
Estudiant d'Enginyeria de Camins

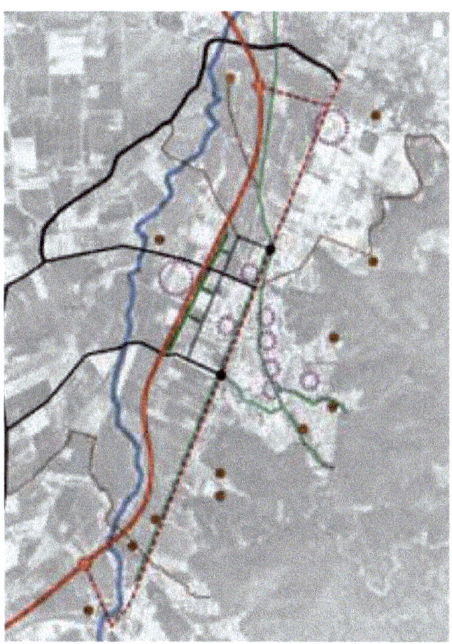

Proposta de traçat corresponent al grup 1, que planteja una traça viària independent propera al teixit urbà (esquerra), (font: estudiants del workshop IntraScapeLab, grup 1, 2012) i proposta de traçat corresponent al grup 2, que planteja una traça viària articulada al teixit urbà (dreta), (font: estudiants del workshop IntraScapeLab, grup 2, 2012)

A l'hora de definir les alternatives de traçat d'un eix viari, les característiques del territori i l'objectiu del projecte actuen com a condicionants, restringint les possibilitats de manera que la varietat d'elecció no sigui gaire àmplia.Si un traçat no dóna importància a l'estudi del territori que el precedeix, no s'adequarà bé a les necessitats que demana el paisatge, el patrimoni o la població.

En aquest cas, s'han establert condicionants molt clars. Per minimitzar l'impacte sobre el territori, el traçat ha d'evitar el contacte amb el riu Fluvià tant com sigui

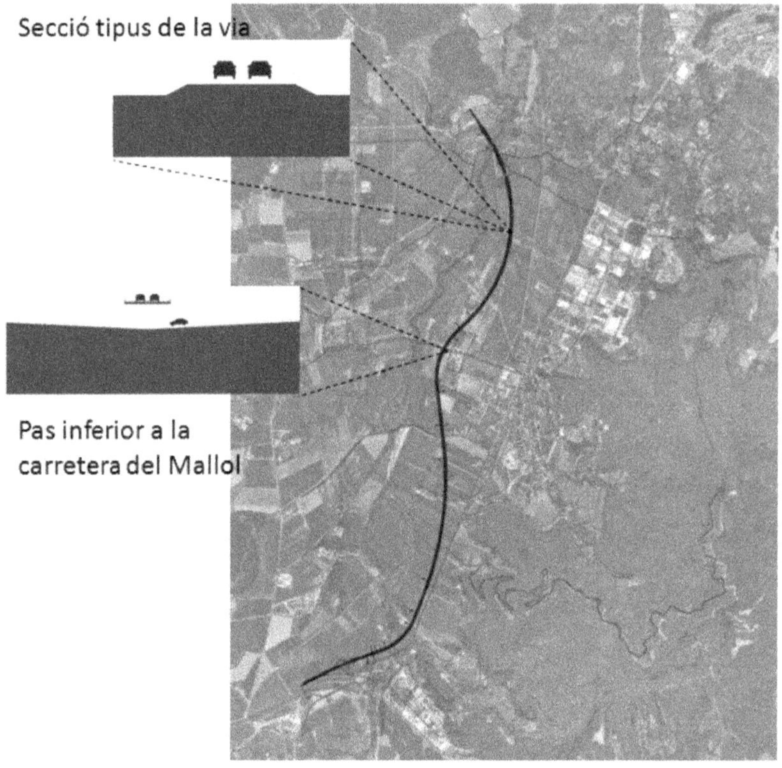

Seccions tipus per a la proposta de la variant del grup 1 que passen de forma semienterrada pel teixit urbà
i en terraplè en la zona inundable. (Font: estudiants del workshop IntraScapeLab, grup 1, 2012)

possible, i el mateix passa amb la Via Verda. L'opció de cavar un túnel que voregi el municipi de les Preses per l'est ha quedat descartada, perquè el pressupost no hauria estat realista.

Si també es té en compte que passar per la zona de la vall més allunyada del municipi de les Preses, a l'oest del riu, significa trencar la connectivitat entre les parcel·les agràries, l'única zona que pot albergar el traçat és la que queda entre el municipi i el Fluvià.

Establerts aquests condicionants, les possibles eleccions han quedat molt més reduïdes, i per tant les dues alternatives plantejades tenen moltes similituds. Tant l'una com l'altra de les solucions parteixen de l'arribada a la vall des del Túnel de Bracons, desviant l'aqüeducte existent quan ja aquest és a tant sols uns metres d'alçada. Des d'aquí van a buscar ràpidament el creuament amb el riu, i un cop creuat, es mantenen relativament a prop de la travessera fins que es tornen a obrir per a vorejar el municipi de les Preses. Quan ja l'han deixat enrere, s'obren encara més per a arribar a enllaçar amb el que seria el començament de la variant d'Olot.
Per a ambdues alternatives s'han previst dos enllaços, el primer poc després de la separació amb l'aqüeducte d'arribada del túnel de Bracons, el qual ha d'enllaçar amb la rotonda d'arribada de l'aqüeducte. El segon enllaç s'ha previst

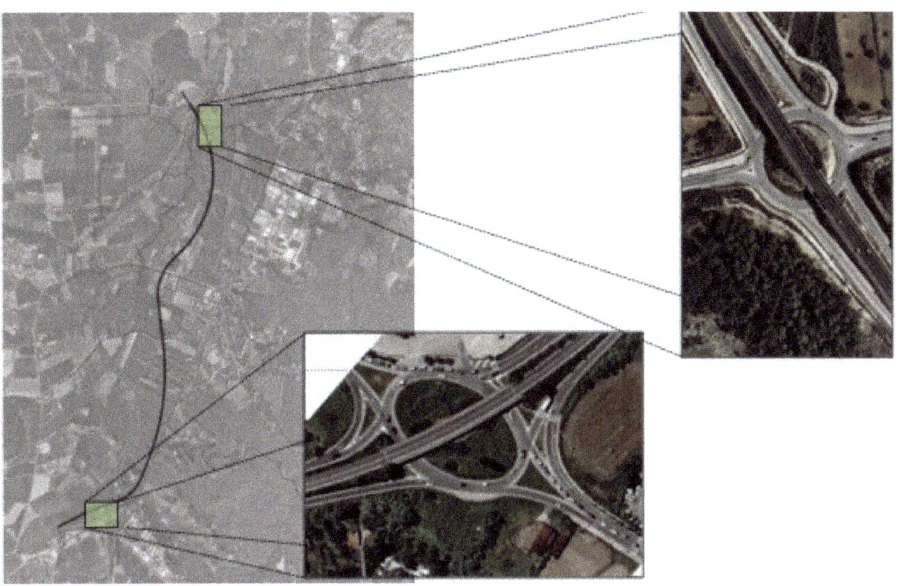

Estudi dels nusos per als extrems de la variant de les Preses (accessos nord i sud).
(Font: estudiants del workshop IntraScapeLab, grup 1, 2012)

un cop passat el municipi, i ha d'enllaçar amb la travessera en un punt entre les Preses i Olot. Tant l'un com l'altre s'han dissenyat com a rotondes a nivells diferents.

Però dins d'aquesta fisonomia general semblant, cada alternativa de traçat adquireix identitat pròpia. L'alternativa del grup 2 ha escollit discórrer pel territori semideprimida, per tal de minimitzar l'impacte visual i acústic. En canvi, l'alternativa del grup 1 ha estat projectada amb una petita elevació per sobre del territori, amb l'objectiu d'evitar problemes d'inundacions i drenatge.

En el tram en què la variant passa més propera al municipi, l'alternativa del grup 1 ha estat dissenyada amb un traçat en corba, respectant una distància mínima amb la població. En canvi, aquest mateix tram, però a l'alternativa del grup 2, es veu representat com una recta gairebé paral·lela a la travessera, la qual esdevé un eix que condiciona activament el potencial creixement de les Preses.

La curiositat és que aquestes dues maneres de projectar un mateix tram també tenen un mateix objectiu, el d'evitar el creixement del municipi més enllà del límit marcat per la variant, per tal de preservar el valor agrícola de la vall. S'ha de tenir clar que l'organització i la forma d'aquest creixement dependrà en gran mesura del traçat en planta d'aquest tram de la variant,
així que aquesta diferència ha estat la que al final ha definit millor la identitat de cadascuna de les propostes.

Finalment, el resultat ha estat dues alternatives difícilment comparables per criteris purament tècnics o mesurables. Són més aviat criteris molt més subjectius com els territorials, sociològics o fins i tot estètics els que podrien valorar quina de les dues alternatives seria la més adient.

Ortofotomapa de l'àmbit d'actuació del workshop que assenyala de forma clara la zona de cultiu agrícola. (Font: ICC, 2012)

Tot i això, no s'hauria de perdre de vista que una de les qüestions plantejades en aquest *workshop*, i potser la més important, és la de si aquest eix viari és realment necessari o no ho és. Per tant, a aquestes alternatives també s'hi hauria d'afegir, per tal de comparar-les, l'alternativa 0. És a dir, no executar la variant.

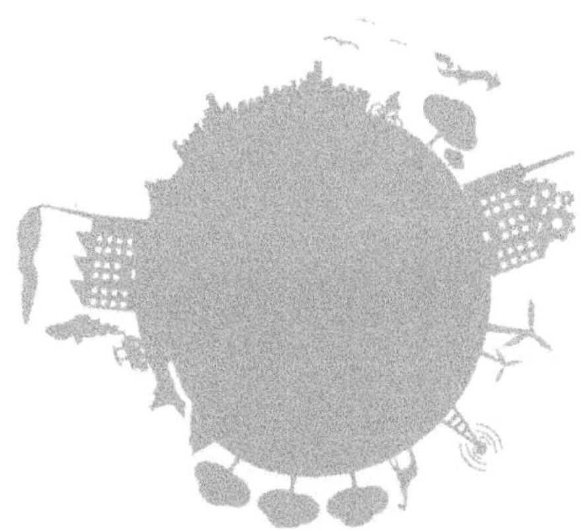

→ 11

Claus i propostes per a la variant i pacificació de la travessera de les Preses

David Gonzàlez i Domingo
Estudiant d'Enginyeria de Camins

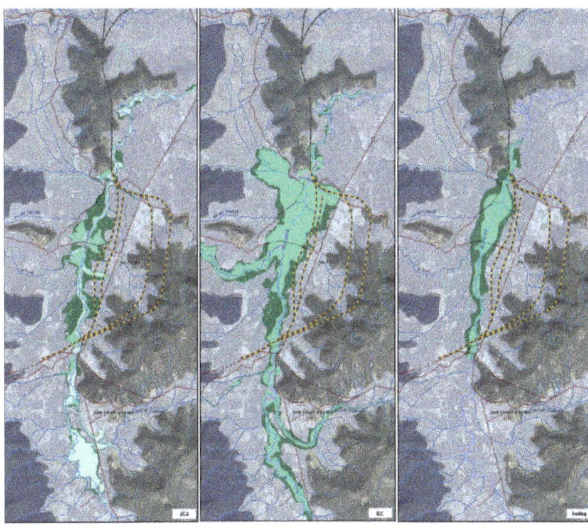

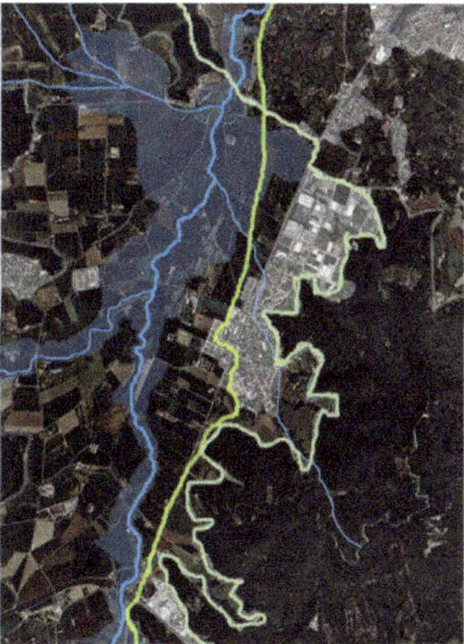

Extracte d'estudis d'inundabilitat per als períodes de retorn T = 500 anys, T = 100 anys i T = 50 anys, elaborats respectivament per l'Agència Catalana de l'Aigua (esquerra), l'Institut Cartogràfic de Catalunya (centre), i AUDING (dreta). (Font: ERF, 2008). Condicionants territorials per a la definició de la traça de la variant: zona inundable segons l'ICC per a un T = 500 anys; límit municipal entre els municipis de les Preses i la Vall d'en Bas (línia groga); i límit del Parc Natural (línia verda). (Font: estudiants del workshop IntraScapeLab, grup 1, 2012)

En el workshop s'ha vist la complexa anàlisi de l'encaix de la connexió entre la variant d'Olot i l'eix Bracons a la zona de les Preses i la Vall d'en Bas. L'objectiu era fer diverses propostes per a l'eix viari que complissin els condicionants de donar continuïtat a l'activitat agrària i de pacificar la travessera, ja que molt sovint resta col·lapsada per a vehicles pesats.

A continuació, es resumeix l'anàlisi territorial i de mobilitat que s'ha plantejat, per després argumentar les actuacions de les dues propostes concretes.

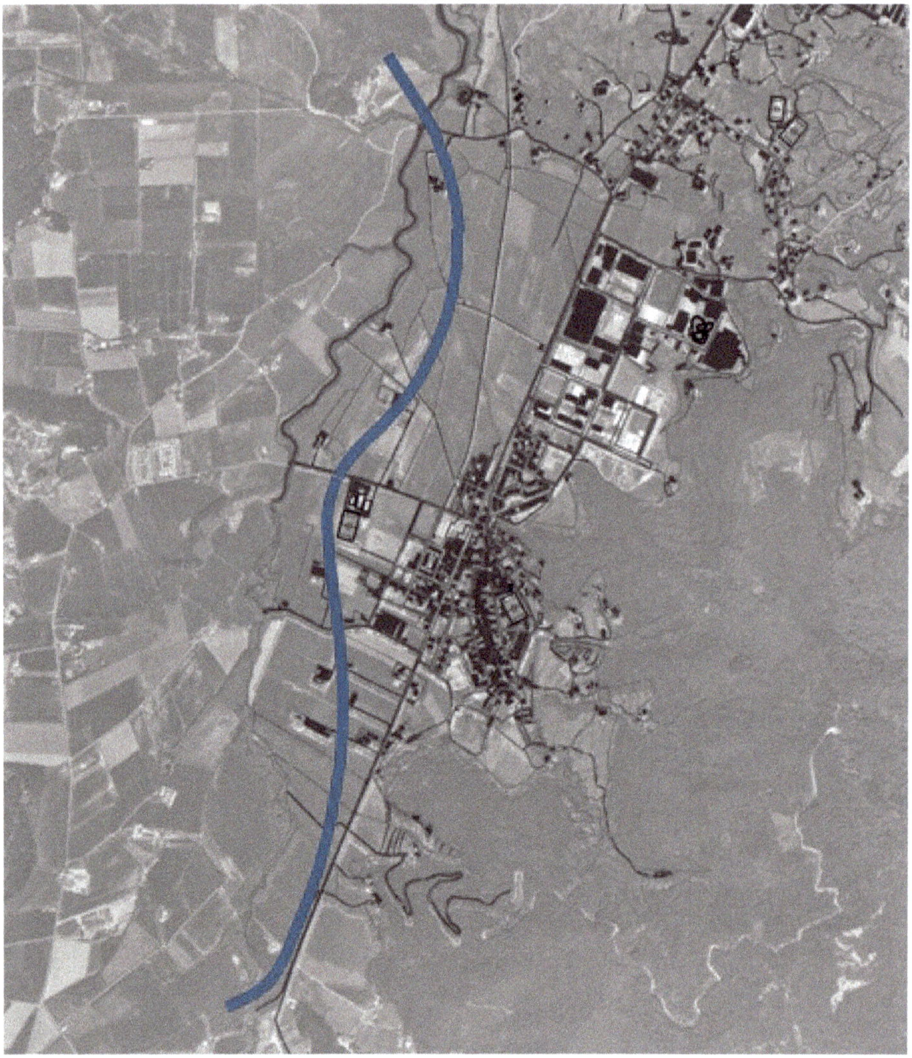

Proposta per a la variant i ordenació de les Preses corresponent al grup 2. (Font: estudiants del workshop IntraScapeLab, grup 2, 2012)

Per veure quins condicionants hidrològics hi ha a l'àrea d'estudi s'han estudiat els límits d'inundabilitat del Fluvià que transcorre a l'oest de les Preses. El més raonable dels tres models és el de l'Institut Cartogràfic de Catalunya (ICC), considerant un període de retorn (TR) de 100 anys. A més, s'ha pres en consideració el límit natural del Parc Natural (a l'est, zona volcànica de la Garrotxa).

Per altra banda, s'ha considerat la documentació de planejament urbanístic: les Normes Subsidiàries d'Ordenació del municipi de les Preses i el Pla d'Ordenació Urbanístic Municipal (POUM) d'Olot. En aquesta documentació s'estableix de forma clara l'eix viari existent, la frontera dels dos municipis

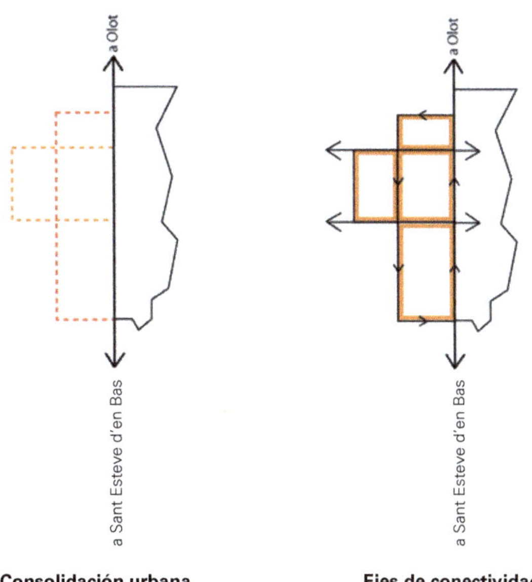

Esquema d'ordenació per a les Preses amb proposta d'esquema de consolidació urbana i proposta dels eixos de circulació amb sentits. (Font: Estudiants del workshop IntraScapeLab Grup 1, 2012)

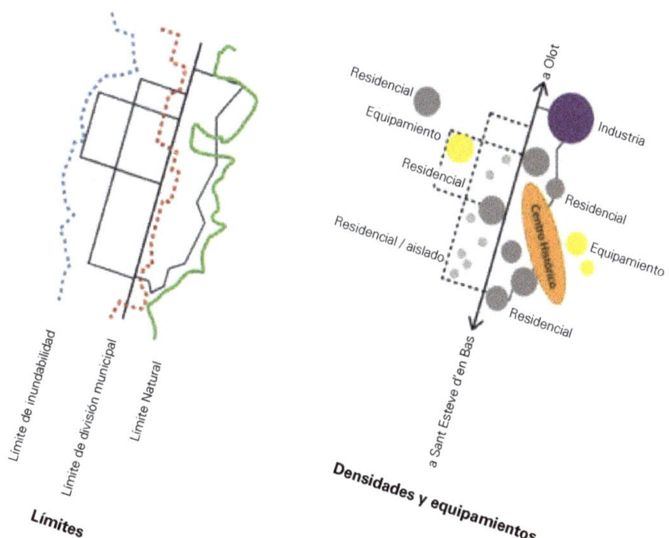

Esquemes per a les Preses, d'esquerra a dreta i de dalt a baix: condicionants pels límits d'inundabilitat, municipal i de Parc Natural; localització d'activitats i densitats. (Font: Estudiants Workshop IntraScapeLab Grup 1, 2012)

(les Preses i Olot), les parcel·lacions existents, els equipaments, les zones residencials, les industrials amb la seva densitat corresponent.

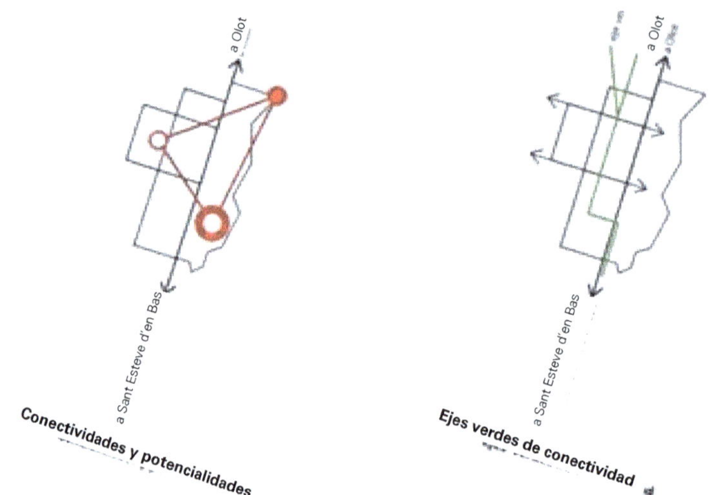

Principals pols de generació i d'atracció de mobilitat; Proposta d'eixos cívics verds.
(Font: Estudiants del workshop IntraScapeLab Grup 1, 2012)

Tota aquesta informació ha estat esquematitzada per aclarir idees.

La primera proposta està orientada a actuar sobre la travessera: se'n vol segregar el trànsit, que ara és de dos sentits, a un de sol.

Complementàriament s'adequa un carrer paral·lel per a l'altre sentit. Per al bon funcionament d'aquest "circuit" es canvien els sentits i s'actua en els principals carrers millorant les seccions tal com es pot veure a les Figures.

És una actuació integral que també vol afavorir i donar més ús a la xarxa de camins que creuen la Vall. Es vol connectar millor els dos grups d'equipaments de la zona i acostar l'Escola Verntallat a les Preses, tot potenciant l'ús de la bicicleta i anar a peu, reforçant l'eix verd amb les seves alternatives i ramificacions.

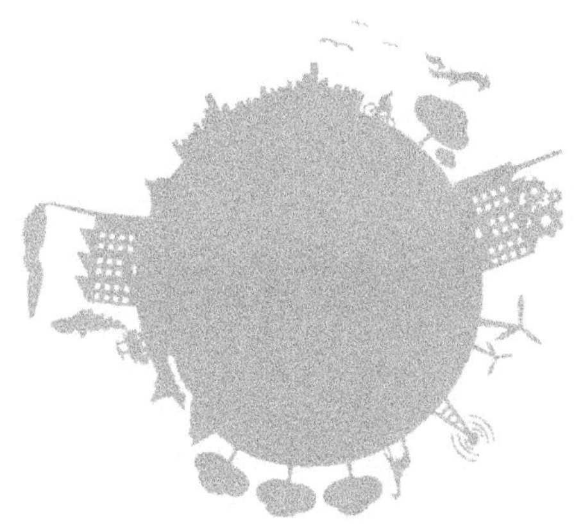

Bibliografia

ALS (Advanced Leisure Services) (2012). *Estudio del impacto del turismo en la Garrotxa de estos últimos diez años*. Girona: Diputació de Girona.

BUCHANAN, Colin. *Tráfico en las ciudades.* Madrid: Tecnos.

BUSQUETS, F. et al. (2010). *Travessant el Collsacabra: el camí ral de Vic a Olot i les Marrades del Grau : història, arqueologia, patrimoni.* Olot: Ajuntament d'Olot.

CAMBRA DE COMERÇ DE VALLS (2005). *Estudi d'Impacte Territorial i Mediambiental de la variant N-240 sobre la comarca de l'Alt Camp.* Barcelona: Cambra de Comerç de l'Alt Camp. Departament d'Infraestructures del Transport i Territori, Universitat Politècnica de Catalunya.

CAMPILLO, X., LÓPEZ-MONNÉ, R. (2010). *El llibre dels camins : manual per esvair dubtes, desfer mites i reivindicar drets.* Tarragona: Arola.

CORONADO, J.; GARMENDIA, M. (2008). "Carreteras-planeamiento. Algunas claves de la evolución histórica de una relación imperfecta". *Revista Ciudades* (11), p. 33-51.

DEMATTEIS, G.; GOBERNA, F. (2005). "Territorio y territorialidad en el desarrollo local. La contribución del modelo SLOT", *Boletín de la Asociación de Geógrafos Españoles,* n. 39, p. 31-58.

DIVERSOS AUTORS (2007). Per una nova cultura del territori?: mobilitzacions i conflictes territorials. Barcelona: Icària Editorial.

DUPUY, G. (1985). *Systèmes, réseaux et territoires.* París: Presses de l'Ecole Nationale des Ponts et Chaussées.

DUPUY, G. (1991). *Urbanisme des réseaux, théories et méthodes. París: Ar-*
mand
Colin.

DUPUY, G. (1995). *La ville de l'automobile.* París: Antrophos.

ERF (2008). *Anàlisi socioambiental d'alternatives del tram a la Vall d'en Bas - Olot Sud de l'eix Vic-Olot C-37.* Barcelona: ERF.

FONT. A. et al. (2012). *Patrons urbanístics de les activitats econòmiques. Regió Metropolitana de Barcelona.* Barcelona: Edicions UPC.

FORMAN, R. TT, et al. (2003). *Road Ecology: Science and Solutions.* Washington: Island Press.

FULTON, G. (2006). "The Landscape Urbanism Reader". *Landscape review,* 12(2), p. 50-57.

GAROLA, A.; MAGRINYÀ, F.; MAYORGA, M.; NAVAS, T. (2007). "Les avaluacions d'impacte ambiental de les infraestructures viàries: una aproximació interdisciplinar", *I Congrés UPC Sostenible 2015,* Barcelona, Centre per la Sostenibilitat de la UPC, 2007, p. 267-270. http://upcommons.upc.edu/revistes/handle/2099/3340

GENERALITAT DE CATALUNYA (2003). *Aplicació del SIMCAT per a l'avaluació del Pla de Carreteres de Catalunya. Principals resultats.* Barcelona: Secretaria de Planificació Territorial del Departament de Política Territorial i Obres Públiques. Memo, 155 p.

GENERALITAT DE CATALUNYA (2006). *Pla d'infraestructures del transport de Catalunya: infraestructures terrestres: xarxa viària, ferroviària i logística.* Barcelona: Departament de Política Territorial i Obres Públiques.

GISA (2009). *Estudi d'Impacte Ambiental. Millora General. Nova Carretera C-37 de Vic a Olot. Variant de les Preses.* Tram: La Vall d'en Bas - Les Preses. Barcelona: Generalitat de Catalunya.

GÓMEZ ORDÓÑEZ, J.L. (1982). *El urbanismo de las obras públicas.* Tesis doctoral, Universitat Politècnica de Catalunya.

GÓMEZ ORDÓÑEZ, J.L. (1985). "Carreteras y ciudades". *Revista Estudios Territoriales,* 18. p. 73-82.

HERCE, M. (1995). *Variante de la carretera y forma de ciudad.* Tesis doctoral, Universitat Politècnica de Catalunya.

HERCE, M. (2001). "Paisajes i carreteras: notas de disidencia". *Ingeniería i Territorio,* n. 55, p. 58-65

HERCE, M.; MAGRINYÀ, F. (2002). *La ingeniería en la evolución de la urbanística,* Barcelona, Edicions UPC.

HERCE, M.; MAGRINYÀ, F.; MIRÓ, J. (2007). *L'espai urbà de la mobilitat.* Barcelona: Edicions UPC.

HERCE, M. (ed.) (2011). *Infraestructuras y medioambiente I. Urbanismo. Territorio y redes de servicios.* Barcelona: EdiUOC.

IZQUIERDO, V. (2012). "Una visió humanitzada de les carreteres locals".

A: NAVAS, T. (dir.). *Els carrers del territori. 150 anys de carreteres locals.* Barcelona: Diputació de Barcelona.

JACOBS, J. (1967). *Muerte y vida de las grandes ciudades.* Madrid: Península. LLEONART,

P.; GAROLA, A. (2009). "L'impacte econòmic de l'eix Vic-Olot", A: LLEONART,

P.; GAROLA, A. *L'eix Vic-Olot,* Barcelona: GISA.

MAGRINYÀ, F. (1999). "Urbanisme de les xarxes: instrument de lectura de l'ecosistema urbà". A: RUEDA, S. *La ciutat sostenible: un procés de transformació.* Girona: Universitat de Girona, p. 41-79.

MAGRINYÀ, F. (2005). "Infraestructures del transport: Necessitats i impactes. Per una nova cultura territorial de les infraestructures". A: *Anuari Territorial de Catalunya.* Barcelona: Societat Catalana d'Ordenació del Territori, p. 427-429.

MAGRINYÀ, F. (2013). "Las carreteras y la planificación territorial. Elementos para un cambio de paradigma hacia una movilidad sostenible". *Revista Obras*

Públicas, 160 (3.540), p. 59-64.

MAGRINYÀ, F.; NAVAS, T.; CLAVERA, G. (2013). *Reconeixement patrimonial de les vies metropolitanes de l'Àrea Metropolitana de Barcelona.* Barcelona: Àrea Metropolitana de Barcelona (AMB) i UPC-IntraScapeLab. Memo.

MANGIN, D. (2004). *Infrastructures et formes de la ville contemporaine: la ville franchisée.* París : Villette; Lyon: Certu.

Mc HARG, Ian L. (2000). *Proyectar con la naturaleza.* Barcelona: Gustavo Gili.

MUMFORD, L. (1966). *La carretera y la ciudad.* Buenos Aires: Emecé.

MUNARIN, S.; TOSI, M. (2002). *Tracce di città. Esplorazioni di un territorio abitato: l'area veneta.* Milà: Franco Angeli Editore.

NÁRDIZ, C. (2012). "La estética de lo viejo, treinta años después. El reconocimiento progresivo y limitado del patrimonio de las obras públicas". *Revista de Obras Públicas,* 3.531, p. 19-34.

NAVAS, T. (2012a). *Planificació, construcció i mobilitat: La modernització de la xarxa viària a la regió de Barcelona. 1761-1969.* Tesi doctoral. Universitat de Barcelona. http:// www.tdx.cat/handle/10803/83654

NAVAS, T. (dir.) (2012b). *Els carrers del territori. 150 anys de carreteres locals.* Barcelona: Diputació de Barcelona.

NEL·LO, O. (dir.) (2003). *Aquí, no! Els conflictes territorials a Catalunya.* Barcelona: Empúries.

OFFNER, J.M. (1993). "Les effets structurants des transports, mythe politique, mystification scientifique". *L'espace géographique,* n. 3, p. 233-242.

PARC NATURAL DE LA ZONA VOLCÀNICA DE LA GARROTXA (2007). *Informe sobre el projecte de la nova carretera C-37 de Vic a Olot.* Tram de la Vall d'en Bas-Olot. Barcelona: Generalitat de Catalunya.

SEMPERE, J. (2005). "El paper dels experts en els moviments ambientalistes a Catalunya". *Finestra Oberta,* n. 45. Barcelona: Fundació Jaume Bofill. http://www.fbofill.cat/index.php?codmenu=11&publicacio=418&submenu=false&SC=
&titol=&autor=sempere&ordenat=&&tags=

SANTANA VALLS, J. (2013). *Avaluació de la sostenibilitat de la mobilitat urbana i interurbana de les Comarques Gironines.* Tesis de màster d'Enginyeria Civil, Universitat Politècnica de Catalunya.

SERRANO AFONSO, S.I. (2011). *Interacción entre planeamiento territorial y oferta de transporte público. Aplicación a la comarca de la Garrotxa.* Tesina Universitat Politècnica de Catalunya. Escola Tècnica Superior d'Enginyers de Camins, Canals i Ports de Barcelona. Departament d'Infraestructura del Transport i del Territori.
TRIGILIA, C. (2005). Sviluppo locale. *Un progetto per l'Italia.* Roma-Bari: Laterza.

VIGANÒ, P. (1999). *La città elementare.* Milano: Skira.

WALDHEIM, C. (2006). *The landscape urbanism reader.* Ed. Princeton Architectural Press, Nova York.